应用型本科电气工程及自动化专业系列教材
天津市一流本科建设课程配套教材
天津市课程思政示范课程配套教材

U0159860

电力电子应用技术

——设计、仿真与实践

（微课版）

刘艺柱　主编

西安电子科技大学出版社

内 容 简 介

本书聚焦"双碳"目标和"绿色"发展理念，在"新工科"跨学科多专业融合教育背景下，选取绿色照明、绿色能源、绿色出行三个领域的典型电力电子装置和产品，系统地介绍了装置和产品的工作原理、主要功能、方案设计、仿真验证及调试流程。本书理论联系实际，旨在培养学生的工程思维和实践能力，为学生后续的专业学习和发展打下良好的基础。

本书可作为应用型本科和职业本科电气工程类、自动化类、机电类等相关专业的教学用书，也可供从事电力电子技术和相关研究的工程技术人员参考。

图书在版编目(CIP)数据

电力电子应用技术：设计、仿真与实践：微课版 / 刘艺柱主编. --西安：西安电子科技大学出版社，2024.4
ISBN 978 - 7 - 5606 - 7160 - 4

Ⅰ. ①电…　Ⅱ. ①刘…　Ⅲ. ①电力电子技术—研究　Ⅳ. ①TM1

中国国家版本馆 CIP 数据核字(2024)第 033672 号

策　　划　明政珠
责任编辑　孟秋黎
出版发行　西安电子科技大学出版社(西安市太白南路 2 号)
电　　话　(029)88202421　88201467　　邮　　编　710071
网　　址　www.xduph.com　　　　　　电子邮箱　xdupfxb001@163.com
经　　销　新华书店
印刷单位　陕西博文印务有限责任公司
版　　次　2024 年 4 月第 1 版　2024 年 4 月第 1 次印刷
开　　本　787 毫米×1092 毫米　1/16　印张　13.25
字　　数　312 千字
定　　价　39.00 元
ISBN 978 - 7 - 5606 - 7160 - 4 / TM
XDUP 7462001 - 1

前　言

习近平总书记在党的二十大报告中指出:"教育、科技、人才是全面建设社会主义现代化国家的基础性、战略性支撑。"这一重要论断,阐释了新时代实施科教兴国战略、强化现代化建设人才支撑的重大战略意义,明确了建设教育强国、科技强国、人才强国的出发点。全面建设社会主义现代化国家,教育是基础,科技是关键,人才是根本。

2019 年初,国务院印发《国家职业教育改革实施方案》(以下简称《方案》),提出了深化职业教育改革的路线图、时间表、任务书,明确了今后 5 年的工作重点,为实现 2035 年中长期目标以及 2050 年远景目标奠定了重要基础。特别需要指出的是,《方案》第一句话就指出"职业教育与普通教育是两种不同教育类型,具有同等重要地位",明确了职业教育在整个教育体系中的重要性。本书就是为解决应用型本科,尤其是职业教育本科院校电力电子技术课程教材较为缺乏的问题而编写的,契合了新工科建设要求。

近 20 年来,电力电子技术已在绿色照明、光伏发电、新能源汽车、等领域得到了迅速的发展。本书选取普通调光器、电子镇流器、太阳能 LED 路灯、光伏逆变器、电动汽车驱动系统和电动汽车充电系统等 6 个典型电力电子装置和产品,从基础理论、设计开发、工程应用 3 个维度,系统地介绍装置和产品的工作原理、主要功能、方案设计、仿真验证及调试流程,以期达到理论联系实际、拓展知识面、培养工程思维的目的,为学生后续的专业学习和发展打下良好的基础。

本书是在西安电子科技大学出版社 2021 年 6 月出版的《电力电子应用技术》(刘艺柱、包西平主编)一书基础上,听取使用者建议后将内容重新组织和充实后编写而成的。本书以帮助学生建立系统思维、梳理知识脉络、掌握电路分析方法为本,注重培养学生分析电路的能力,引导学生应用电力电子技术解决工程实际问题。

本书具有以下特点:

(1) 在编写上精选内容,压缩了传统晶闸管及整流电路的内容,加大了全控型器件、直流变换电路、脉宽调制技术、PWM 整流技术、软开关技术等新知识的介绍,补充了伺服驱动器、开关电源等装置应用的讲解。

(2) 书中专门安排了典型电力电子电路的 PSIM 仿真内容。仿真调试可以验证设计方案的可行性,提升学生的创新实践能力,在保障实验过程安全、减少元器件损耗方面有着积极的作用。

全书共分 3 个项目,各项目内容相对独立,学习时可进行适当的选择和组合。本书建议学时为 56～64 学时,可根据具体情况适当调整教学内容。

本书由天津中德应用技术大学教师刘艺柱主编，在编写过程中得到了天津中德应用技术大学领导和同事以及西安电子科技大学出版社的大力支持，在此表示衷心的感谢！本书的编写参考了很多同类教材，已在参考文献中列出，在此谨向这些文献的作者表示衷心的感谢！天津中德应用技术大学 2019 级自动化 03 班邵铭禄同学参与了仿真验证等工作，在此也表示感谢！

由于作者水平有限，书中难免存在不妥之处，敬请广大读者批评、指正。

作者 E-mail：luoyangpeony@sina.com。

刘艺柱

2023 年 6 月

于天津海河教育园

目 录

项目 1　电力电子技术在绿色照明控制系统中的应用

时代背景

党的二十大报告提出"加快推动产业结构、能源结构、交通运输结构等调整优化""实施全面节约战略，推进各类资源节约集约利用""倡导绿色消费，推动形成绿色低碳的生产方式和生活方式"。

据不完全统计，照明用电一直以来占据全球用电量的十分之一以上。我国是照明电力消费大国，照明耗电占全社会用电量的13％左右。"中国绿色照明工程"的实施，促进了高效照明器具的推广使用，大幅度节约了照明用电，减少了环境污染。智能家居照明控制系统对于推广绿色照明、提高我国照明能效水平、促进节能减排、应对全球气候变化具有重要的意义。它是实现智能家居、建设节能低碳社会的重要技术手段之一，也是未来照明行业发展的重要方向之一。

项目简介

随着科技的发展，越来越多的自动化、智能化的产品进入人们的生活，智能家居正逐渐取代传统家居，成为一种行业发展潮流。智能家居照明系统作为智能家居系统的一个重要子系统（如图1-1）所示，具有高效节能、管理简单、控制多样、成本较低和容易进入市场等优势。

图 1-1　智能家居照明系统

实施智能家居照明系统的好处是：

（1）实现照明的人性化。由于不同的区域对照明质量的要求不同，因此需要调整和控制照度，以实现场景控制、定时控制、多点控制等各种控制方案。智能家居照明系统方案修改与变更的灵活性能进一步保证照明系统的照明质量。

(2) 提高管理水平。将传统的通过开关控制照明灯具的通断转变成智能化的管理,使高素质的管理意识用于照明系统,可确保其照明质量。

(3) 节约能源。利用智能传感器感应室外亮度来自动调节灯光,以保持室内恒定照度,既能使室内有最佳的照明环境,又能达到节能的效果。另外,根据各区域的工作运行情况进行照度设定,并按时进行自动开、关照明,可使系统最大限度地节约能源。

(4) 延长照明灯具的使用寿命。照明灯具的使用寿命取决于电网电压,若电网电压过高,则灯具的使用寿命将会降低。因此,防止过电压并适当降低工作电压是延长灯具使用寿命的有效途径。采取软启动和软关断技术,可避免灯具灯丝受到热冲击,从而进一步延长灯具的使用寿命。

智能家居照明控制系统可以根据白炽灯、荧光灯、LED 灯等不同负载类型进行分类。不同类型的照明控制系统需要使用不同的控制方式来达到最佳效果,如白炽灯可以使用普通调光器来控制亮度,荧光灯则需要使用电子镇流器进行调光和调色温,而 LED 灯需要使用 PWM(脉宽调制)控制器来实现调光和调色温。

任务 1　普通调光器的设计、仿真与实践

白炽灯是一种最早的电光源，也是历史上最普遍的照明设备之一。白炽灯的发明对于人类的照明历史具有重要的意义。普通调光器可实现对白炽灯亮度的控制和调节，不仅能满足不同场合的照明需求，还能减少白炽灯能耗，实现节能、环保。

1.1　半控型器件

1956 年，美国贝尔实验室发明了晶闸管。1957 年，美国通用电气公司开发出了第一只晶闸管产品，并于 1958 年商业化，这标志着电力电子技术的诞生。电力系统在电力电子技术产生后得到了迅速发展，第一代电力电子器件以电力二极管和晶闸管为代表，取代了传统的汞弧整流器，推动了电力电子技术的发展。

1.1.1　晶闸管

以晶闸管为代表的电力半导体器件的广泛应用，被称为继晶体管发明和应用之后的又一次电子技术革命。晶闸管（Thyristor）全称为晶体闸流管，也称为可控硅整流器（Silicon Controlled Rectifier，SCR）。

1. 基本结构

晶闸管内部是 PNPN 四层半导体结构，如图 1-2(a)所示，从上到下依次为 P_1、N_1、P_2、N_2 区，形成 $J_1(P_1-N_1)$、$J_2(N_1-P_2)$ 和 $J_3(P_2-N_2)$ 3 个 P-N 结，P_1 层、N_2 层和 P_2 层分别引出阳极 A(Anode)、阴极 K(Kathode)和门极 G(Gate)，门极也称控制极。晶闸管的电气图形符号如图 1-2(b)所示。

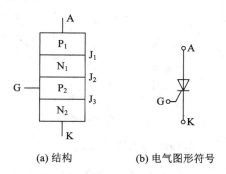

(a) 结构　　　(b) 电气图形符号

图 1-2　晶闸管的结构与电气图形符号

从外形上看，晶闸管有塑封式、螺栓式和平板式等多种封装形式。如图 1-3(a)所示，塑封式晶闸管的额定电流多在 10 A 以下，器件引脚定义不统一，使用时需查阅器件资料。螺栓式晶闸管的额定电流一般为 10~200 A，螺栓一端通常是阳极 A，另一侧粗引线是阴极 K，细引线是门极 G，如图 1-3(b)所示。平板式晶闸管的额定电流一般在 200 A 以上，器件的两面分别是阳极 A 和阴极 K，中间细长引线是门极 G，如图 1-3(c)所示。

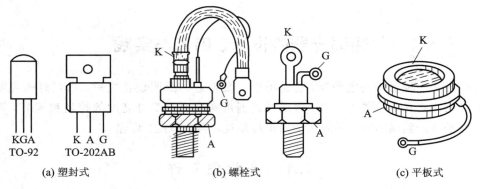

(a) 塑封式　　　　　　(b) 螺栓式　　　　　　(c) 平板式

图 1-3　晶闸管的外形

2. 工作原理

晶闸管的工作原理可用双晶体管模型来说明,如图 1-4(a)所示,上层为 PNP 管,下层为 NPN 管。晶闸管的双晶体管等效电路如图 1-4(b)所示,PNP 管的发射极电流为晶闸管的阳极电流 I_A,NPN 管的发射极电流为晶闸管的阴极电流 I_K。设图中 PNP 管和 NPN 管共基极放大系数分别为 α_1 和 α_2,在晶体管饱和导通时,有 $I_{c1} = \alpha_1 I_A$,$I_{c2} = \alpha_2 I_K$。当晶闸管阳极加正向电压,门极也加正向电压时,有电流 I_G 从门极流入 NPN 管的基极,经 NPN 管放大后,集电极电流 I_{c2} 流入 PNP 管的基极,再经 PNP 管的放大,其集电极电流 I_{c1} 又流入 NPN 管的基极,如此循环,产生强烈的增强式正反馈过程,使两个三极管很快饱和导通,从而使晶闸管由关断状态迅速地变为导通状态。

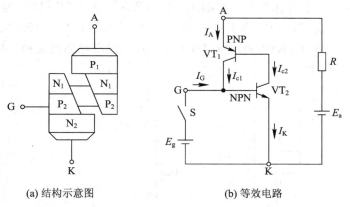

(a) 结构示意图　　　　　　　　(b) 等效电路

图 1-4　晶闸管的双晶体管模型

晶闸管器件选型

晶闸管一旦导通,即使 $I_G = 0$,因 I_{c1} 的电流在内部直接流入 NPN 管的基极,晶闸管仍将继续保持导通状态。因此,晶闸管一旦导通,其门极就失去控制作用,这就是晶闸管的半控性。

若要使晶闸管关断,就需使 NPN 管关断,即减小 I_{c1},使流过晶闸管的阳极电流小于维持电流。因此,晶闸管恢复为关断状态的有效措施是:将阳极电压降到 0 或阳极加反向电压。

3. 基本特性

晶闸管是电力电子技术中最重要的开关器件之一，深入了解晶闸管的特性和应用方法对于电力电子技术的学习和实践具有重要意义。晶闸管的基本特性包含静态特性和动态特性。

1）静态特性

晶闸管的静态特性包括晶闸管的阳极伏安特性和晶闸管的门极伏安特性。

（1）晶闸管的阳极伏安特性。

晶闸管的阳极伏安特性是指晶闸管阳极、阴极之间的电压 U_{AK} 和阳极电流 I_A 之间的关系。特性曲线如图 1-5 所示，分布在第 I 象限和第 III 象限。

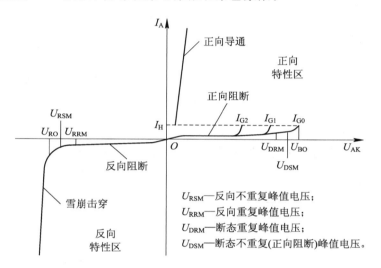

图 1-5　晶闸管的阳极伏安特性

第 I 象限为正向特性区。晶闸管在正向特性区又分为正向阻断和正向导通两种状态。在门极电流 $I_G = 0$ 的情况下，逐渐增大晶闸管的正向阳极电压 U_{AK}，这时晶闸管处于断态，只有很小的正向漏电流；随着 U_{AK} 的增加，当达到正向转折电压 U_{BO} 时，正向漏电流突然剧增，晶闸管从正向阻断突变为正向导通状态。这种在 $I_G = 0$ 时，依靠增大阳极电压而强迫晶闸管导通的方式会使晶闸管损坏，因此通常不允许这样做。随着门极电流 I_G 的增大，晶闸管阳极电压转折点逐渐降低。要使正向导通后的晶闸管恢复阻断，只有逐步减少阳极电流 I_A，当 I_A 下降到维持电流 I_H 以下时，晶闸管由正向导通状态变为正向阻断状态。

第 III 象限为反向特性区。晶闸管承受反向电压时，只有很小的反向漏电流，呈现高阻态；当电压超过 U_{RO} 时，PN 结反向击穿，漏电流急剧增大。

（2）晶闸管的门极伏安特性。

晶闸管的门极伏安特性是指晶闸管门极电压 U_G 和门极电流 I_G 之间的关系。由于晶闸管的门极伏安特性很分散，因此常以极限低阻值门极伏安特性 OD 和极限高阻值门极伏安特性 OG 之间的区域来代表同一规格器件的伏安特性，称为门极伏安特性区域，如图 1-6 所示。由门极正向峰值电流 I_{FGM}、允许的瞬时最大功率 P_{GM} 和正向峰值电压 U_{FGM} 所围成的区域称为可靠触发区，正常使用时门极触发电流 I_G 和触发电压 U_G 应处于该区内，但门极的平均功率损耗不应超过规定的平均功率 P_G，如图 1-6(a)所示。$ABCJIHA$ 区为晶闸管不可靠触发区，$OHIJO$ 区为不触发区，如图 1-6(b)所示。

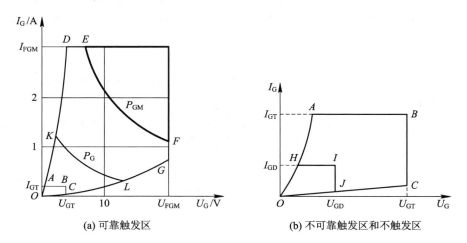

(a) 可靠触发区　　　　　　　(b) 不可靠触发区和不触发区

图 1-6　晶闸管的门极伏安特性

2）动态特性

晶闸管的动态特性包括开通特性和关断特性，如图 1-7 所示。

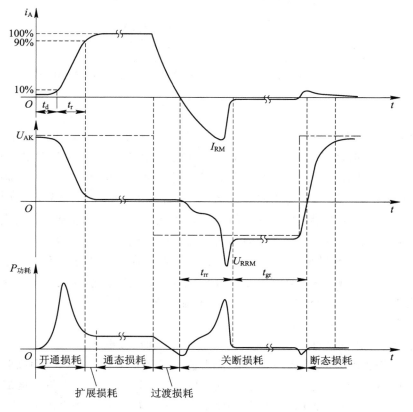

图 1-7　晶闸管的动态特性

（1）开通特性。

在晶闸管的门极施加触发电压，使晶闸管由阻断变成导通时，阳极电流要经过延迟时间和上升时间后，才能达到稳定值。晶闸管的开通时间 t_{on} 为

$$t_{on} = t_d + t_r \tag{1-1}$$

式中：t_d 为延迟时间，普通晶闸管的延迟时间 t_d 为 $0.5 \sim 1.5~\mu s$；t_r 为上升时间，普通晶闸管的上升时间 t_r 为 $0.5 \sim 3~\mu s$。

（2）关断特性。

晶闸管在阳极电流减小为零以后，如果立即施加正向阳极电压，即使没有门极脉冲也会再次导通，故电路必须为晶闸管提供足够长的时间，保证晶闸管充分恢复其阻断能力，才能使它可靠工作。晶闸管的关断时间 t_{off} 为

$$t_{off} = t_{rr} + t_{gr} \tag{1-2}$$

式中：t_{rr} 为反向阻断恢复时间；t_{gr} 为正向阻断恢复时间。

一般普通晶闸管的 t_{off} 约为 $150 \sim 200~\mu s$；快速晶闸管的 t_{off} 约为 $10 \sim 50~\mu s$。由于晶闸管的开通时间和关断时间较长，限制了其工作频率。

4. 主要参数

要正确使用晶闸管，必须掌握晶闸管的一些主要参数。

1）电压参数

晶闸管的电压参数如表 1-1 所示。

表 1-1 晶闸管的电压参数

名称	符号	说　　明
正向转折电压	U_{BO}	在门极开路和额定结温条件下，施加于晶闸管的正向阳极电压 U_{AK} 使器件由阻断状态变成导通状态所对应的电压峰值
断态不重复峰值电压	U_{DSM}	在门极开路和额定结温条件下，施加于晶闸管的正向阳极电压 U_{AK} 上升到正向伏安特性曲线急剧弯曲处所对应的电压值，这个电压不可长期重复施加
断态重复（正向阻断）峰值电压	U_{DRM}	取断态不重复峰值电压 U_{DSM} 的 90%
反向转折电压	U_{BR}	在门极开路和额定结温条件下，施加于晶闸管的反向阳极电压 U_{AK} 使器件由阻断状态变成导通状态所对应的电压峰值
反向不重复峰值电压	U_{RSM}	在门极开路和额定结温条件下，施加于晶闸管的反向阳极电压 U_{AK} 上升到反向伏安特性曲线急剧弯曲处所对应的电压值
反向重复峰值电压	U_{RRM}	取反向不重复峰值电压 U_{RSM} 的 90%
额定电压	U_T	取晶闸管的 U_{DRM} 和 U_{RRM} 中较小的一个，并按标准电压级别等级取其整数，作为晶闸管的额定电压
通态平均电压	$U_{T(AV)}$	在规定环境温度和标准散热条件下，通过晶闸管的电流为额定电流时，其阳极 A 与阴极 K 之间电压降的平均值

晶闸管电压等级在 1000 V 以下时每 100 V 一个级别;在 1000～3000 V 之间时每 200 V 一个级别,如表 1-2 所示。如某晶闸管,测得 U_{DRM} 为 840 V,U_{RRM} 为 960 V,取小者 840 V,查表 1-2 可知其对应的标准电压为 800 V 级别,为 8 级,故器件铭牌上额定电压 U_T 标为 800 V,电压级别为 8 级。

表 1-2　晶闸管的电压等级

级别	正、反向重复峰值电压/V	级别	正、反向重复峰值电压/V	级别	正、反向重复峰值电压/V
1	100	8	800	20	2000
2	200	9	900	22	2200
3	300	10	1000	24	2400
4	400	12	1200	26	2600
5	500	14	1400	28	2800
6	600	16	1600	30	3000
7	700	18	1800	—	—

2) 电流参数

晶闸管的电流参数包括额定通态平均电流、维持电流和擎住电流等,具体定义如表 1-3 所示。

表 1-3　晶闸管的电流参数

名称	符号	说　明
额定通态平均电流	$I_{T(AV)}$	在环境温度为 +40℃ 和规定的冷却条件下,晶闸管在导通角不小于 170° 的电阻性负载电路中,额定结温时其允许流过的最大工频正弦半波电流的平均值
维持电流	I_H	晶闸管被触发导通以后,在室温和门极开路条件下,流过晶闸管的电流从较大的通态电流降到恰能保持其导通的最小阳极电流
擎住电流	I_L	晶闸管加上触发电压后,从正向阻断状态刚转为导通状态时就去掉触发电压,在这种情况下要保持晶闸管维持导通所需要的最小阳极电流

注:① 与电力二极管一样,晶闸管也是以平均电流而非有效值电流作为它的额定电流,这是因为晶闸管较多用于可控整流电路,而整流电路往往是按直流平均值来计算的。

② 维持电流的大小与晶闸管的结温有关,结温越高,维持电流越小,晶闸管越难关断。同一型号的晶闸管,其维持电流也各不相同,维持电流大的管子容易关断。

③ 判定一只晶闸管是否由断态转为通态的标准是看其阳极电流 I_A 是否大于其所对应的擎住电流 I_L。只有 $I_A > I_L$,才表明晶闸管彻底导通。

3) 其他参数

晶闸管的其他参数包括门极触发电流与门极触发电压、断态电压临界上升率、通态电流临界上升率等,具体定义如表 1-4 所示。

表 1-4 晶闸管的其他参数

名称	符号	说　明
门极触发电流	I_{GT}	在规定的环境温度下，给晶闸管加 6 V 正向阳极电压，使晶闸管从正向阻断状态转变为导通状态时，所需要的最小门极直流电流称为门极触发电流，对应的电压称为门极触发电压
门极触发电压	U_{GT}	
断态电压临界上升率	du/dt	在额定结温和门极断路条件下，使晶闸管从断态转入通态的最低电压上升率
通态电流临界上升率	di/dt	在规定的条件下，晶闸管由门极进行触发导通时，能够承受而不致损坏的通态平均电流的最大上升率

注：门极触发电压 U_{GT} 是一个最小值的概念，是晶闸管能够被触发导通门极所需要的触发电压的最小值。为保证晶闸管能够被可靠地触发导通，实际外加的触发电压必须大于这个最小值。由于触发信号通常是脉冲的形式，只要不超过晶闸管的允许值，脉冲电压的幅值就可以数倍于门极触发电压 U_{GT}。

路灯节能控制系统分析、设计与调试（晶闸管）

┌─ **应用案例** ─┐

应用案例一：三位数密码锁电路

实用三位数密码锁电路如图 1-8 所示。接通电源后，密码锁的锁舌将锁顶住。该电路将密码盘 S_1 先与 6 接通，9 V 电源的正极通过发光二极管 VD_2、电阻 R_2 加到晶闸管 VT_1 的阳极，同时经电阻 R_4 和 R_5 限流后加到晶闸管 VT_1 的控制极，则晶闸管 VT_1 导通，发光二极管 VD_2 发光。当密码盘 S_1 与 10 接通时，9 V 电源的正极通过发光二极管 VD_1、电阻 R_1 加到晶闸管 VT_2 的阳极，同时经电阻 R_4 和 R_3 限流后加到晶闸管 VT_2 的控制极，则晶闸管 VT_2 导通。当密码盘 S_1 与 2 接通时，9 V 电源的正极经继电器线圈 KA 加到晶闸管 VT_3 的阳极，同时经电阻 R_4 和 R_6 加到晶闸管 VT_3 的控制极，则晶闸管 VT_3 导通。这样继电器线圈 KA 得电，继电器动作，带动锁舌打开密码锁。

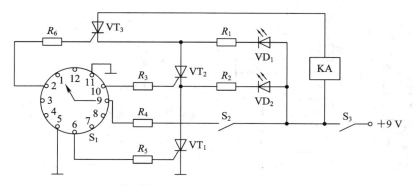

图 1-8 实用三位数密码锁电路

如果密码盘 S_1 不是按 6、10、2 这个顺序，而是按其他顺序接通，例如按 2、6、10 这个顺序，则晶闸管不会导通，达不到开锁的目的。除了这三个保密数字外，密码盘 S_1 接通其他端子，都不会使继电器线圈 KA 得电，锁也不会打开。若想换密码，则需要重新调换 R_5、R_3、R_6 的接点。

应用案件二：三相电源相序/缺相检测器电路

三相电源相序/缺相检测器主要用来检测三相交流电源的接线是否缺相及相序是否正确，其电路原理如图1-9所示。当U相、W相、V相分别连接至晶闸管的A、G、K极时，晶闸管VT将在单相半个周期内导通，发光二极管VL发光正常；当连接U、W、V三相的顺序不正确时，晶闸管VT的导通时间将会变短，平均电流随之减小，VL亮度也就大为降低。当三相交流电缺（断）其中一相或两相时，VT截止，VL熄灭，R_3、R_4和C的数值将决定延迟时间t的长短。电路中：$R_1 \sim R_5$均选用线绕电阻器；C选用涤纶电容器或CBB电容器；VT选用耐压1000 V/1A的晶闸管。

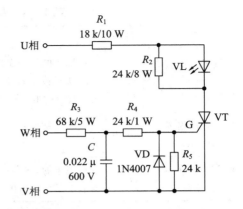

图1-9　三相电源相序/缺相检测器电路原理图

1.1.2　双向晶闸管

双向晶闸管是由普通晶闸管派生出来的一种新型的大功率半导体器件。

1. 基本结构

双向晶闸管是一种由5层半导体、4个PN结组成的3端器件，3个电极分别是第一主电极T_1、第二主电极T_2和门极（控制极）G，如图1-10(a)所示。

为了进一步了解其内部原理，可从结构上将双向晶闸管分解为$P_2N_1P_1N_3$和$P_1N_1P_2N_2$两部分，如图1-10(b)所示。这两部分正好等效为两只反并联普通晶闸管KP_1、KP_2，共用一个门极G，如图1-10(c)所示。由于双向晶闸管无法分出阳极和阴极，因此人们通常把和门极G在一个面上的电极称为T_1极，把和门极不在一个面上的电极称为T_2极，其电气图形符号如图1-10(d)所示。

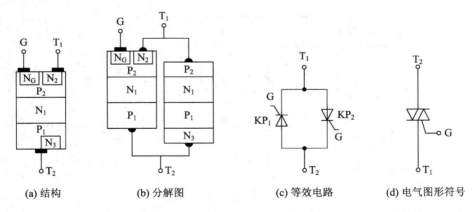

(a) 结构　　　　(b) 分解图　　　　(c) 等效电路　　　　(d) 电气图形符号

图1-10　双向晶闸管的内部结构、分解图、等效电路及电气图形符号

双向晶闸管是在普通晶闸管的基础上发展起来的，有塑封式、螺栓式等多种封装形式，如图1-11所示。双向晶闸管在外形上与普通晶闸管类似，使用时要注意做好两者的区分工作。

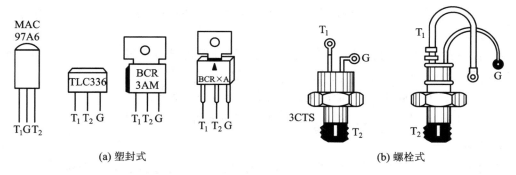

(a) 塑封式　　　　　　　　　　　　(b) 螺栓式

图 1-11　双向晶闸管的外形

2. 工作原理

双向晶闸管的工作原理与普通晶闸管的基本相同，下面重点介绍其工作特点。

双向晶闸管无论是 T_1 极相对于 T_2 极电压为正或 T_1 极相对应于 T_2 极电压为负，以及无论门极 G 相对于 T_1 极施加的是正触发信号还是负触发信号，双向晶闸管都有可能触发导通。所以双向晶闸管的门极触发电流不像普通晶闸管那样只有 1 个，而是有 4 个。

如果主电极 T_2 对 T_1 所加的电压 $U_{21}>0$，门极 G 对 T_1 所加的触发信号 $U_G>0$，双向晶闸管触发导通，电流 $I_{21}>0$，则这种触发称为"第 I 象限的正向触发"或称为 I+触发方式，如图 1-12(a) 所示。

如果 $U_{21}>0$，$U_G<0$，双向晶闸管触发导通，电流 $I_{21}>0$，则这种触发称为"第 I 象限的负向触发"或称为 I-触发方式，如图 1-12(b) 所示。

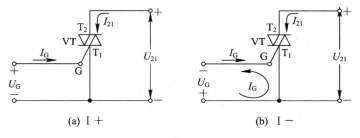

(a) I+　　　　　　　　　　　　(b) I-

图 1-12　双向晶闸管第 I 象限触发方式

如果 $U_{12}>0$，$U_G>0$，双向晶闸管触发导通，$I_{12}>0$，则这种触发称为"第 III 象限的正向触发"或称为 III+触发方式，如图 1-13(a) 所示。

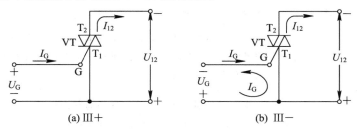

(a) III+　　　　　　　　　　　　(b) III-

图 1-13　双向晶闸管第 III 象限触发方式

如果 $U_{12}>0$，$U_G<0$，双向晶闸管触发导通，$I_{12}>0$，则这种触发称为"第 III 象限的负向触发"或称为 III-触发方式，如图 1-13(b) 所示。

需要注意，这 4 种触发方式的灵敏度是不相同的，其排列顺序依次是 I+、III-、I-、

Ⅲ＋。其中Ⅰ＋触发方式的灵敏度最高，Ⅲ＋触发方式的灵敏度最低，通常采用Ⅰ＋和Ⅲ－触发方式。

双向晶闸管导通后撤去门极触发电压，也会继续保持导通状态。在这种情况下，要使双向晶闸管由导通进入截止，可采用以下任意一种方法。

(1) 让流过主电极 T_1、T_2 的电流减小至维持电流 I_H 以下。

(2) 让主电极 T_1、T_2 之间的电压为 0 或改变两极间电压的极性。

3. 基本特性

如图 1-14 所示，双向晶闸管具有正反对称的伏安特性曲线，正向部分位于第Ⅰ象限，反向部分位于第Ⅲ象限，详情可参见普通晶闸管伏安特性曲线。

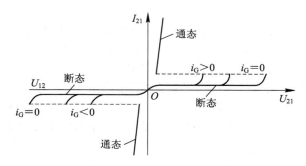

图 1-14　双向晶闸管的伏安特性曲线

4. 主要参数

双向晶闸管的很多参数和普通晶闸管相应的参数意义相同。这里只简单介绍一些意义不同的参数，如表 1-5 所示。

表 1-5　双向晶闸管的主要参数

名称	符号	说　　明
额定电流	$I_{T(RMS)}$	在标准散热条件下，当器件的单向导通角大于等于 170° 时，允许流过器件的最大交流正弦电流的有效值
额定电压	U_T	由于双向晶闸管的两个主电极没有阴阳之分，因此它的参数中也就没有正向峰值电压与反向峰值电压之分，只有一个最大峰值电压
维持电流	I_H	对双向晶闸管来说，在两个方向上都需测量维持电流值，而且要求基本一致。双向晶闸管的维持电流具有负温度特性，当结温上升时，维持电流会减小
电流临界下降率	di/dt	指双向晶闸管从一个方向的导通状态转换到相反方向的导通状态时，所允许的最大通态电流下降率，单位为 A/μs。电流临界下降率分为 0.2、0.5 和 1 三个级别
电压临界上升率	du/dt	指双向晶闸管从导通状态转换为截止状态时所允许的最大电压上升率，单位为 V/μs。电压临界上升率分为 0.2、0.5、2 和 5 四个级别

1.2 整 流 电 路

"整流电路"(Rectifying circuit)是把交流电能转换为直流电能的电路。大多数整流电路由变压器、整流主电路和滤波器等组成。它在直流电动机的调速、发电机的励磁调节、电解、电镀等领域得到广泛应用。

1.2.1 单相半波不可控整流电路

单相半波整流电路是电力电子技术中最基础的电路之一,广泛应用于各种电子设备中。单相半波不可控整流电路是一种最简单的整流电路,由电源变压器 T、整流二极管 VD_1 和负载电阻 R_L 串联组成,电路图如图 1-15(a)所示。电源变压器 T 的作用是实现交流输入电压与直流输出电压之间的匹配以及交流电网与整流电路之间电气隔离,其原边和副边电压瞬时值分别为 u_1 和 u_2,有效值分别为 U_1 和 U_2。电路输出电压即负载电压为 u_d,输出电流即负载电流为 i_d,整流二极管两端电压为 u_{VD1}。电路工作波形如图 1-15(b)所示。

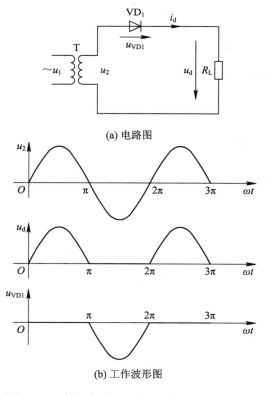

(a) 电路图

(b) 工作波形图

图 1-15 单相半波不可控整流电路及工作波形

单相半波不可控
整流电路仿真实验

$0\sim\pi$ 期间:$\omega t = 0$ 时刻,电源电压 u_2 过零变正,二极管 VD_1 导通,u_2 全部加在负载 R_L 上,即 $u_{VD1} = 0$,$u_d = u_2$,$i_d = u_2/R_L$。

$\pi\sim2\pi$ 期间:$\omega t = \pi$ 时刻,电源电压 u_2 过零变负,VD_1 承受反压而截止,u_2 全部加在

VD$_1$ 上，即 $u_{VD1} = u_2$，$u_d = 0$，$i_d = 0$。

应用案例

电热毯电路由整流二极管 VD$_1$、发光二极管 VD$_2$、开关 S$_1$、开关 S$_2$、电阻 R_1 和电阻丝 R_L 等组成，如图 1-16 所示。

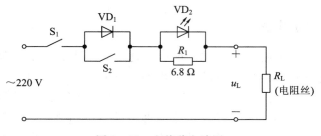

单相半波不可控
整流电路工程案例

图 1-16　电热毯电路图

电热毯接通 220 V 交流电源后，合上开关 S$_1$ 和 S$_2$，发光二极管 VD$_2$ 发光，指示电热毯已接通电源，电阻丝 R_L 通过电流发热升温。当电热毯升到一定温度后，可将 S$_2$ 打开，VD$_1$ 接入，电路成为半波整流电路，电热毯处于保温状态。

1.2.2　单相半波可控整流电路

将不可控整流电路中的电力二极管改换为晶闸管，就构成了单相半波可控整流电路。

单相半波可控
整流电路

1. 电路组成及工作原理

单相半波可控整流电路(电阻性负载)由电源变压器 T、晶闸管 VT$_1$ 和负载电阻 R_L 串联组成，如图 1-17(a)所示。电路中晶闸管两端电压为 u_{VT_1}，晶闸管门极触发信号为 u_G，其余参数同图 1-15 标注。电路工作波形如图 1-17(b)所示。

$0 \sim \omega t_1$ 期间：$\omega t = 0$ 时刻，电源电压 u_2 过零变正，晶闸管 VT$_1$ 虽承受正向电压但没有门极触发信号 u_G，故不导通(截止状态)，电路中无电流，负载电阻 R_L 两端电压为零，u_2 全部施加在 VT$_1$ 的两端，即 $u_{VT1} = u_2$，$u_d = 0$，$i_d = 0$。

$\omega t_1 \sim \pi$ 期间：ωt_1 时刻给晶闸管 VT$_1$ 门极加触发信号 u_G，VT$_1$ 导通，u_2 全部加在负载 R_L 上，即 $u_{VT1} = 0$，$u_d = u_2$，$i_d = u_2/R_L$。

$\pi \sim 2\pi$ 期间：$\omega t = \pi$ 时刻，电源电压 u_2 过零变负，流过晶闸管的电流为零，VT$_1$ 自然关断，u_2 全部加在 VT$_1$ 上，即 $u_{VT1} = u_2$，$u_d = 0$，$i_d = 0$。在此期间晶闸管承受反向电压，即使有门极触发信号 u_G 也不会导通。

在此电路中，改变触发时刻，u_d 和 i_d 波形随之改变，而直流输出电压 u_d 为极性不变但瞬时值变化的脉动直流，其波形只在 u_2 正半周内出现，故称"半波"整流。同时，此电路中采用了可控器件晶闸管，且交流输入为单相，故该电路称为单相半波可控整流电路。电路中常用术语定义如表 1-6 所示。

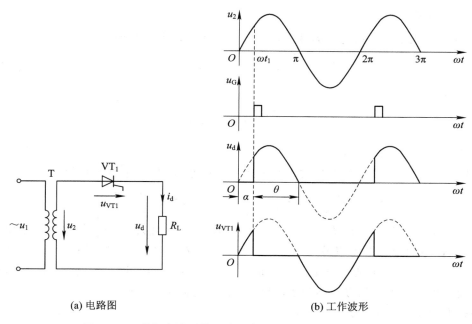

(a) 电路图　　　　　　　　　(b) 工作波形

图 1-17　单相半波可控整流电路(电阻性负载)及工作波形

表 1-6　电路中常用术语定义

术 语	定 义	备 注
触发角	从晶闸管开始承受正向阳极电压起到被触发导通之间的电角度,称为触发角,以 α 表示,又称为触发延迟角或控制角	在图 1-17(b) 中,$0 \sim \omega t_1$ 之间的电角度就是触发角 α
导通角	晶闸管在一个周期中处于导通的电角度,称为导通角,以 θ 表示。在单相半波可控整流电路(电阻性负载)中,$\theta = \pi - \alpha$	在图 1-17(b) 中,$\omega t_1 \sim \pi$ 之间的电角度就是导通角 θ
移相	改变触发角 α 的大小,即改变晶闸管门极触发信号 u_G 出现的相位,称为移相	—
移相控制	通过改变触发角 α 的大小,从而调节整流电路输出电压大小的控制方式称为移相控制	—
移相范围	触发角 α 的允许调节范围。当触发角 α 从 0 到 α_{max} 变化时,整流电路的输出电压也完成从最大值到最小值变化	与移相范围和整流电路的结构、负载性质有关
自然换相点	自然换相点是晶闸管可能导通的最早时刻,也可以说是触发角 α 的起点位置,即此时 $\alpha = 0°$。整流电路的结构不同,自然换相点也可能不同	图 1-17(b) 中 $\omega t = 0$ 时刻就是该电路的自然换相点
同步	要使整流电路的输出电压稳定,要求触发信号和交流电源电压(即晶闸管阳极电压)在频率和相位上要协调配合,每个周期的 α 角都相同,这种相互协调配合的关系称为同步	—

2. 数量关系

设 $f(t)$ 为表示电压或电流的函数,则它在 α 至 β 期间的平均值为

$$\frac{1}{\beta-\alpha}\int_\alpha^\beta f(t)\mathrm{d}t \tag{1-3}$$

有效值为

$$\sqrt{\frac{1}{\beta-\alpha}\int_\alpha^\beta f^2(t)\mathrm{d}t} \tag{1-4}$$

1) 输出电压、电流平均值

根据图 1-17(b)所示的工作波形和公式(1-3)可知,输出电压平均值为

$$U_\mathrm{d} = \frac{1}{2\pi}\int_\alpha^\pi \sqrt{2}U_2\sin\omega t\,\mathrm{d}(\omega t) = 0.45U_2\frac{1+\cos\alpha}{2} \tag{1-5}$$

由此可见,输出电压平均值 U_d 与交流电压 U_2 和控制角 α 有关。当 U_2 给定后,U_d 仅与 α 有关,$\alpha=0°$ 时输出电压平均值最大,$U_\mathrm{d}=0.45U_2$;随着 α 增大,U_d 减小;$\alpha=180°$ 时输出电压平均值最小,$U_\mathrm{d}=0$;触发角 α 的移相范围是 $0°\sim180°$。这种通过控制触发脉冲的相位来控制直流输出电压大小的方式称为相位控制方式,简称相控方式。

根据欧姆定律,输出电流平均值

$$I_\mathrm{d} = \frac{U_\mathrm{d}}{R_\mathrm{L}} = 0.45\frac{U_2}{R_\mathrm{L}}\times\frac{1+\cos\alpha}{2} \tag{1-6}$$

2) 输出电压、电流有效值

根据公式(1-6)可知,输出电压有效值为

$$U = \sqrt{\frac{1}{2\pi}\int_\alpha^\pi(\sqrt{2}U_2\sin\omega t)^2\mathrm{d}(\omega t)} = U_2\sqrt{\frac{\pi-\alpha}{2\pi}+\frac{\sin2\alpha}{4\pi}} \tag{1-7}$$

输出电流有效值为

$$I = \frac{U}{R_\mathrm{L}} = \frac{U_2}{R_\mathrm{L}}\sqrt{\frac{\pi-\alpha}{2\pi}+\frac{\sin2\alpha}{4\pi}} \tag{1-8}$$

3) 晶闸管的电流平均值、有效值

在单相半波可控整流电路中,因晶闸管与负载串联,故晶闸管的电流平均值、有效值分别为

$$I_\mathrm{dVT} = I_\mathrm{d} \tag{1-9}$$
$$I_\mathrm{VT} = I \tag{1-10}$$

4) 晶闸管承受的最高电压

由图 1-17(b)的工作波形可知,晶闸管两端承受的最高电压为 u_2 的最大值,即

$$U_\mathrm{RM} = \sqrt{2}U_2 \tag{1-11}$$

5) 变压器副边电流有效值

因变压器副边与晶闸管、负载串联,故变压器副边电流有效值

$$I_2 = I \tag{1-12}$$

6) 功率因数

变压器副边所供给的有功功率为

$$P = I^2R_\mathrm{L} = UI$$

供给的视在功率为

$$S = U_2 I_2$$

功率因数为

$$\cos\varphi = \frac{P}{S} = \frac{UI}{U_2 I_2} = \frac{UI_2}{U_2 I_2} = \sqrt{\frac{\pi-\alpha}{2\pi} + \frac{\sin 2\alpha}{4\pi}} \qquad (1-13)$$

当 $\alpha = 0°$ 时，$\cos\varphi = 0.707$。这是因为半波整流电路是非正弦电路，存在谐波电流，虽然为电阻性负载，但是电源的功率因数也不会是 1，且 α 越大，$\cos\varphi$ 越小。

7) 波形系数

电流波形的有效值与平均值之比定义为这个电流的波形系数，用 K_f 表示。以单相半波可控整流电路为例，波形系数

$$K_f = \frac{I}{I_d} = \frac{\sqrt{\dfrac{\pi-\alpha}{2\pi} + \dfrac{\sin 2\alpha}{4\pi}}}{0.45 \dfrac{1+\cos\alpha}{2}} \qquad (1-14)$$

$\alpha = 0°$ 时，正弦半波电流的波形系数 $K_f = 1.57$。

■ **例题解析**

例 1 - 1　在单相半波可控整流电路中，电阻性负载 $R_L = 5\ \Omega$，由 220 V 交流电源直接供电，要求输出平均直流电压 50 V，求晶闸管的触发角 α、导通角 θ 和功率因数 $\cos\varphi$。

解　由

$$U_d = 0.45 U_2 \frac{1+\cos\alpha}{2}$$

得

$$\cos\alpha = \frac{2U_d}{0.45 U_2} - 1 = \frac{2\times 50\ \text{V}}{0.45\times 220\ \text{V}} - 1 \approx 0.01$$

故

$$\alpha \approx 89°$$

$$\theta = \pi - \alpha = 180° - 89° = 91°$$

$$\cos\varphi = \frac{P}{S} = \frac{UI}{U_2 I} = \sqrt{\frac{\pi-\alpha}{2\pi} + \frac{\sin 2\alpha}{4\pi}} \approx 0.499$$

单相半波可控整流电路
PSIM 仿真实验

1.2.3　单相桥式全控整流电路

单相桥式全控整流电路是常见的一种全波整流电路，在工业生产和家庭生活中都有广泛的应用。

1. 电路组成与工作原理

单相桥式全控整流电路由电源变压器 T、4 只晶闸管（VT$_1$～VT$_4$）和负载电阻 R_L 等组成，如图 1-18(a) 所示。图中 4 只晶闸管组成桥式电路，其中，VT$_1$、VT$_4$ 构成一组桥臂；VT$_2$、VT$_3$ 构成一组桥臂。u_1、i_1 分别为变压器原边电压、电流瞬时值；u_2、i_2 分别为变压器副边电压、电流瞬时值；u_d、i_d 分别为负载电压、电流瞬时值。变压器副边电压 u_2 接在桥臂的中点 a、b 端，设图 1-18(a) 中 a 点正电位、b 点负电位为 u_2 的正半周，则电路工作波形如图 1-18(b) 所示。

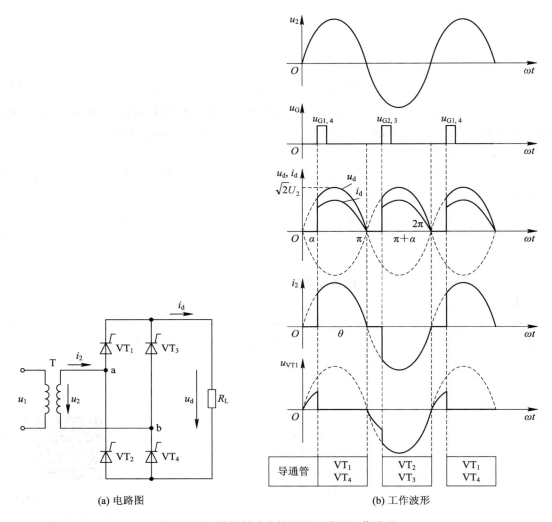

(a) 电路图 (b) 工作波形

图 1 - 18 单相桥式全控整流电路及工作波形

当 u_2 为正半周时，在 $0 \sim \alpha$ 期间，4 只晶闸管($VT_1 \sim VT_4$)没有门极触发信号 u_G，都不导通，$u_d = 0$，$i_d = 0$。这期间，晶闸管 VT_1、VT_4 各分担 $u_2/2$ 的正向电压，晶闸管 VT_2、VT_3 各分担 $u_2/2$ 的反向电压，即 $u_{VT1} = u_{VT4} = u_2/2$，$u_{VT2} = u_{VT3} = -u_2/2$。在 $\alpha \sim \pi$ 期间，$\omega t = \alpha$ 时刻，晶闸管 VT_1、VT_4 的门极加触发信号 $u_{G1,4}$，VT_1、VT_4 立刻导通，电流从 a 端经 $VT_1 \rightarrow R_L \rightarrow VT_4$ 流回 b 端，即 $u_{VT1} = u_{VT4} = 0$，$u_d = u_2$，$i_d = u_2/R_L$。这期间 VT_2、VT_3 承受 u_2 的反向电压，即 $u_{VT2} = u_{VT3} = -u_2$。$\omega t = \pi$ 时刻，u_2 过零，电流 i_d 也降到零，VT_1、VT_4 自行关断。

当 u_2 为负半周时，在 $\omega t = \pi + \alpha$ 时刻，晶闸管 VT_2、VT_3 的门极加触发信号 $u_{G2,3}$，VT_2、VT_3 立刻导通，电流从 b 端经 $VT_2 \rightarrow R_L \rightarrow VT_3$ 流回 a 端。这期间 VT_1、VT_4 因承受反压而截止。$\omega t = 2\pi$ 时刻，u_2 过零，电流 i_d 也降到零，VT_2、VT_3 自行关断。

在单相桥式全控整流电路中，由于在交流电源的正负半周都有整流输出电流流过负载，故该电路为全波整流电路。在 u_2 一个周期内，整流电压波形脉动两次。由于变压器二次绕组中正负半周电流方向相反且波形对称，平均值为零，即直流分量为零，因此此电路不存在变压器直流磁化问题，变压器绕组利用率高。

2. 数量关系

1）输出电压、电流平均值

根据图 1-18(b) 所示的波形可知，输出电压平均值为

$$U_\mathrm{d} = \frac{1}{\pi} \int_\alpha^\pi \sqrt{2} U_2 \sin\omega t \, \mathrm{d}(\omega t) = 0.9 U_2 \frac{1+\cos\alpha}{2} \tag{1-15}$$

触发角 $\alpha = 0°$ 时，输出电压平均值最大，$U_\mathrm{d} = 0.9U_2$；触发角 $\alpha = 180°$ 时，输出电压平均值最小，$U_\mathrm{d} = 0$。触发角 α 的移相范围 $0° \sim 180°$。

根据欧姆定律，输出电流平均值为

$$I_\mathrm{d} = \frac{U_\mathrm{d}}{R_\mathrm{L}} = 0.9 \frac{U_2}{R_\mathrm{L}} \times \frac{1+\cos\alpha}{2} \tag{1-16}$$

2）输出电压、电流有效值

根据有效值的定义，输出电压有效值应是负载电压 U_d 的均方根值，即输出电压有效值为

$$U = \sqrt{\frac{1}{\pi} \int_\alpha^\pi \left(\sqrt{2}U_2 \sin\omega t\right)^2 \mathrm{d}(\omega t)} = U_2 \sqrt{\frac{\pi-\alpha}{\pi} + \frac{\sin2\alpha}{2\pi}} \tag{1-17}$$

输出电流有效值为

$$I = \frac{U}{R_\mathrm{L}} = \frac{U_2}{R_\mathrm{L}} \sqrt{\frac{\pi-\alpha}{\pi} + \frac{\sin2\alpha}{2\pi}} \tag{1-18}$$

3）晶闸管的电流平均值、有效值

晶闸管 VT_1 与 VT_4 和 VT_2 与 VT_3 轮流导通，流过晶闸管电流平均值 I_dVT 为输出电流平均值 I_d 的一半，即

$$I_\mathrm{dVT} = \frac{1}{2} I_\mathrm{d} = 0.45 \frac{U_2}{R_\mathrm{L}} \times \frac{1+\cos\alpha}{2} \tag{1-19}$$

为选择晶闸管、变压器容量、导线截面积等定额，需考虑发热问题，为此需计算电流有效值。流过晶闸管的电流有效值为

$$I_\mathrm{VT} = \sqrt{\frac{1}{2\pi} \int_\alpha^\pi \left(\frac{\sqrt{2}U_2}{R_\mathrm{L}} \sin\omega t\right)^2 \mathrm{d}(\omega t)} = \frac{U_2}{\sqrt{2}R_\mathrm{L}} \sqrt{\frac{\pi-\alpha}{\pi} + \frac{\sin2\alpha}{2\pi}} = \frac{1}{\sqrt{2}} I \tag{1-20}$$

4）晶闸管承受的最高电压

由图 1-18(b) 的波形可知，晶闸管两端承受的最高正向电压为 $\frac{\sqrt{2}U_2}{2}$，最高反向电压为 $\sqrt{2}U_2$。

5）变压器副边电流有效值

变压器副边电流有效值 I_2 与输出电流有效值 I 相等，即

$$I_2 = I = \frac{U_2}{R_\mathrm{L}} \sqrt{\frac{\pi-\alpha}{\pi} + \frac{\sin2\alpha}{2\pi}} \tag{1-21}$$

6）整流电路功率因数

整流电路功率因数为

$$\cos\varphi = \frac{P}{S} = \frac{UI}{U_2 I_2} = \sqrt{\frac{\pi-\alpha}{\pi} + \frac{\sin2\alpha}{2\pi}} \tag{1-22}$$

1.3 交流变换电路

交流变换电路是把一种形式交流电变换成另一种形式交流电的电路。交流变换时可以改变电压(电流)有效值、频率或相数等。改变频率的电路称为变频电路;只改变电压、电流幅值或对电路的通断进行控制,而不改变频率的电路称为交流电力控制电路。

交流电力控制电路又分为以下三种类型:在交流电每个周期内对晶闸管的开通进行控制,调节输出电压有效值,这种电路称为交流调压电路;以交流电的周期为单位控制晶闸管的通断,调节输出功率平均值,这种电路称为交流调功电路;如果并不在意调节输出功率,只是根据电路需要控制晶闸管的通断,则称为交流电力电子开关。

1.3.1 单相交流调压电路

单相交流调压电路是交流调压中最基本的电路,主要用于小功率电路中。

1. 电路组成与工作原理

单相交流调压电路(电阻性负载)由两只反并联普通晶闸管 VT_1、VT_2 和负载电阻 R_L 组成,也可以由一只双向晶闸管 VT 和负载电阻 R_L 组成,如图 1-19(a)所示。电源电压的瞬时值、有效值分别为 u_2、U_2;输出电压、电流的瞬时值分别为 u_o、i_o,有效值分别为 U_o、I_o。电路工作波形如图 1-19(b)所示。

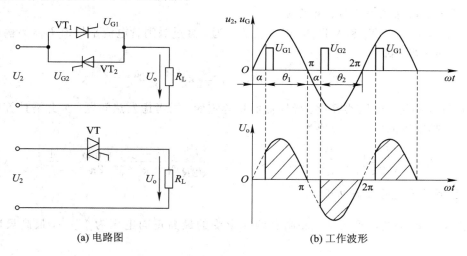

(a) 电路图   (b) 工作波形

图 1-19 单相交流调压电路(电阻性负载)电路及工作波形

在 $0 \sim \alpha$ 期间:门极没有触发信号 u_G,双向晶闸管 VT 不导通(截止状态);u_2 全部加在 VT 上,即 $u_{VT} = u_2$,$u_o = 0$,$i_o = 0$。

在 $\alpha \sim \pi$ 期间:$\omega t = \alpha$ 时刻,门极加触发信号 u_G,VT 导通,即 $u_{VT} = 0$,$u_o = u_2$,$i_o = u_2/R_L$;$\omega t = \pi$ 时刻,$u_2 = 0$,VT 过零自然关断。

同理,在 u_2 负半周 $\omega t = \pi + \alpha$ 时刻,给 VT 加触发信号 u_G,VT 再次导通。可以看出,负载电压波形是电源电压波形的一部分,负载电流和负载电压的波形相同。改变触发角 α,则负载电压的波形随之发生变化,电压有效值也随之发生变化。

2. 数量关系

1）输出电压、电流有效值

输出电压有效值为

$$U_{\circ} = \sqrt{\frac{1}{\pi} \int_{\alpha}^{\pi} \left(\sqrt{2} U_2 \sin\omega t \right)^2 \mathrm{d}(\omega t)} = U_2 \sqrt{\frac{\pi - \alpha}{\pi} + \frac{\sin 2\alpha}{2\pi}} \qquad (1-23)$$

输出电流有效值为

$$I_{\circ} = \frac{U_{\circ}}{R_{\mathrm{L}}} = \frac{U_2}{R_{\mathrm{L}}} \sqrt{\frac{\pi - \alpha}{\pi} + \frac{\sin 2\alpha}{2\pi}} \qquad (1-24)$$

触发角 $\alpha = 0°$ 时，相当于晶闸管一直导通，输出电压有效值最大，即 $U_{\circ} = U_2$；触发角 $\alpha = 180°$ 时，输出电压有效值最小，$U_{\circ} = 0$。触发角 α 的移相范围是 $0° \sim 180°$。

2）晶闸管的电流有效值

流过晶闸管的电流有效值为

$$I_{\mathrm{VT}} = \sqrt{\frac{1}{2\pi} \int_{\alpha}^{\pi} \left(\frac{\sqrt{2} U_2 \sin\omega t}{R_{\mathrm{L}}} \right)^2 \mathrm{d}(\omega t)} = \frac{U_2}{R_{\mathrm{L}}} \sqrt{\frac{1}{2} \left(\frac{\pi - \alpha}{\pi} + \frac{\sin 2\alpha}{2\pi} \right)} \qquad (1-25)$$

3）电路功率因数

电路功率因数为

$$\cos\varphi = \frac{U_{\circ} I_{\circ}}{U_2 I_{\circ}} = \frac{U_{\circ}}{U_2} = \sqrt{\frac{\pi - \alpha}{\pi} + \frac{\sin 2\alpha}{2\pi}} \qquad (1-26)$$

随着 α 的增大，输入电流滞后于电压且发生畸变，功率因数也逐渐降低。

■ **例题解析**

例 1 - 2　一调光台灯由单相交流调压电路供电，设该台灯可看作是电阻负载，在 $\alpha = 0°$ 时输出功率为最大值。试求功率为最大输出功率的 80%、50% 时的控制角 α。

解　设电源电压为 U_2，$\alpha = 0°$ 时输出电压最大，为

$$U_{\mathrm{omax}} = \sqrt{\frac{1}{\pi} \int_{\alpha}^{\pi} \sqrt{2} U_2 \sin(\omega t)^2 \mathrm{d}(\omega t)} = U_2$$

此时负载电流最大，为

$$I_{\mathrm{omax}} = \frac{U_{\mathrm{omax}}}{R} = \frac{U_2}{R}$$

因此最大输出功率为

$$P_{\mathrm{omax}} = U_{\mathrm{omax}} I_{\mathrm{omax}} = \frac{U_2^2}{R}$$

输出功率为最大输出功率 80% 时，有

$$P = 0.8 \times P_{\mathrm{omax}} = \frac{(\sqrt{0.8} U_2)^2}{R}$$

即

$$U_{\circ} = \sqrt{0.8} U_2$$

已知

$$U_{\circ} = \sqrt{\frac{1}{\pi} \int_{\alpha}^{\pi} \left(\sqrt{2} U_2 \sin\omega t \right)^2 \mathrm{d}(\omega t)} = U_2 \sqrt{\frac{\pi - \alpha}{\pi} + \frac{\sin 2\alpha}{2\pi}}$$

解得

$$\alpha \approx 60.54°$$

同理，输出功率为最大输出功率 50% 时，有

$$U_。 = \sqrt{0.5}U_2$$

得

$$\alpha \approx 90°$$

单相交流调压
电路

1.3.2 单相交流调功电路

单相交流调功电路和单相交流调压电路在主电路结构形式上完全相同，都是把晶闸管作为开关串接在交流电源与负载之间，区别只是控制方式的不同。

1. 电路组成与工作原理

交流调功电路工作原理如图 1-20 所示，在设定的 M 个电源周期内，晶闸管接通 N 个周期，关断($M-N$)个周期，通过改变晶闸管接通周波数 N 和断开周波数($M-N$)的比值即通断比来调节负载所消耗的平均功率。当通断比过小时会出现低频干扰，如该电路用于照明电路时会出现人眼能察觉的闪烁、电表指针的摇摆等。

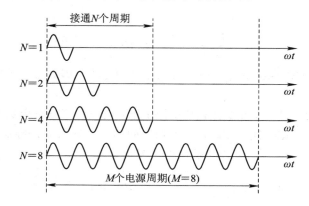

图 1-20 交流调功电路的工作原理

交流调功电路可分为连续式和间隔式两种工作方式，如图 1-21 所示。

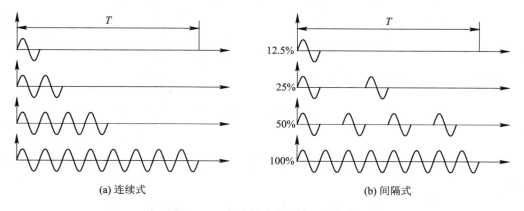

(a) 连续式　　　　　　　　　　　　(b) 间隔式

图 1-21 交流调功电路的工作方式

2. 数量关系

在单相交流调功电路中,设定晶闸管在周期 T(M 个周波)内导通的周波数为 N,每个周波的周期为 T_0。

1)输出电压有效值

输出电压有效值为

$$U_\circ = \sqrt{\frac{1}{2M\pi}\int_0^{2N\pi} U_2^2 \mathrm{d}(\omega t)} = \sqrt{\frac{N}{M}}U_2 = \sqrt{\frac{NT_0}{T}}U_2 \qquad (1-27)$$

2)输出功率

输出功率为

$$P_\circ = \frac{U_\circ^2}{R_\mathrm{L}} = \frac{N}{M} \times \frac{U_2^2}{R_\mathrm{L}} = \frac{NT_0}{T}P \qquad (1-28)$$

式中:P、U_2 分别为设定周期 T 内全部周波导通时电路输出的有功功率与电压有效值。

由此可见,改变导通周波数即可改变输出电压和输出功率。晶闸管在电压过零的瞬间开通,波形为正弦波,克服了相位控制时会产生谐波干扰的缺点。但由于交流调功电路输出电压为断续波,晶闸管导通时间是以交流电的周期为基本单位,因此输出电压和功率的调节不太平滑,适用于较大时间常数的负载。周期 T 中所包含的正弦波个数 M 越多,即 $M = T/T_0$ 越大,则交流调功电路最小量化单位(P/M)就越小,即功率调节的分辨率越高,能达到的调功稳态精度也就越高。

■例题解析

例 1-3　某单相交流调功电路采用过零触发。$U_2 = 220\ \mathrm{V}$,负载电阻 $R = 1\ \Omega$,设定周期 T 内,使晶闸管导通 $0.3\ \mathrm{s}$,断 $0.2\ \mathrm{s}$,试计算送到电阻负载上的功率与假定晶闸管一直导通时所送出的功率。

解　晶闸管一直导通时,送出的功率为

$$P = \frac{U_2^2}{R} = \frac{220\ \mathrm{V} \times 220\ \mathrm{V}}{1\ \Omega} = 48.4\ \mathrm{kW}$$

晶闸管在导通 $0.3\ \mathrm{s}$、断开 $0.2\ \mathrm{s}$、过零触发条件下,根据公式知负载上的电压有效值为

$$U_\circ = \sqrt{\frac{0.3\ \mathrm{s}}{0.3\ \mathrm{s} + 0.2\ \mathrm{s}}} \times 220\ \mathrm{V} \approx 170\ \mathrm{V}$$

负载上的功率为

$$P_\circ = \frac{0.3\ \mathrm{s}}{0.3\ \mathrm{s} + 0.2\ \mathrm{s}} \times 48.4\ \mathrm{kW} \approx 29\ \mathrm{kW}$$

1.4　普通调光器的设计与仿真

调光器是一种改变照明装置中光源的光通量、调节照度水平的电气装置,通过改变输入光源的电流有效值来达到调整灯光不同亮度的目的。白炽灯常用的调光器有电阻调光器、电容调光器和晶闸管调光器等。

1.4.1　方案设计

晶闸管调光器具有重量轻、体积小、效率高、容易远距离操纵等优点,得到广泛使用。

它的缺点是若不采取有效的滤波措施，会产生无线电干扰。

1. 设计方案 1

如图 1-22 所示，晶闸管 VT 与负载 R_L 构成主电路，R_P、C、VD_1、VD_2 构成阻容移相触发电路，它是利用电容 C 充电延时触发来实现移相的。

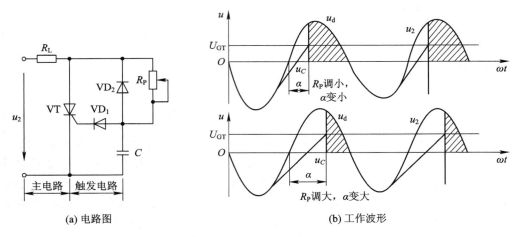

(a) 电路图   (b) 工作波形

图 1-22 普通晶闸管简易触发电路及其工作波形

当交流电源电压 u_2 为正半周时，VT 承受正向电压，电源电压通过电位器 R_P 对电容 C 充电，极性为上正下负，当 u_C 上升到晶闸管触发电压 U_{GT} 时，晶闸管被触发导通。改变 R_P 的阻值即可改变充电的时间常数，从而改变 u_C 上升到 U_{GT} 的时间，实现移相触发。

当 u_2 为负半周时，电源电压经二极管 VD_2 对电容 C 反充电，极性为上负下正，此时充电时间常数很小，故电容两端电压 u_C 的波形与 u_2 的波形近似。

单相桥式全控
整流电路实验

阻容触发的调光电路如图 1-23 所示。交流电压经 $VD_1 \sim VD_4$ 组成的桥式整流电路整流后变为直流脉动电压，加在晶闸管 VT 的阳极与阴极之间。R_P、R_1、C_2 组成触发电路，当 C_2 两端电压上升到一定数值时，晶闸管 VT 触发导通。加在晶闸管阳极和阴极之间的脉动电压过零时，晶闸管自然关断。调节电位器 R_P 可以改变 C_2 的充电速度，这样便可改变晶闸管的导通角，从而使灯泡的电压也相应变化，达到无级调光的目的。图中 L、C_1 组成滤波电路，用于防止高次谐波串入电源回路干扰其他家用电器。

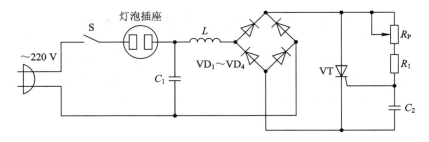

图 1-23 阻容触发的调光电路

2. 设计方案 2

双向触发二极管也称二端交流器件(DIAC)，是由 NPN 三层半导体构成的二端半导体器件，可等效于基极开路、发射极与集电极对称的 NPN 晶体管。双向触发二极管的内部结构、电气图形符号及等效电路如图 1-24 所示。

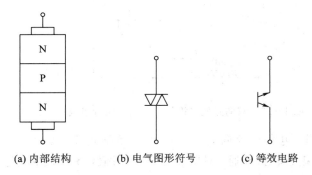

(a) 内部结构　　　(b) 电气图形符号　　　(c) 等效电路

图 1-24　双向触发二极管的内部结构、电气图形符号及等效电路

双向触发二极管正、反向伏安特性曲线完全对称，如图 1-25 所示。当器件两端的电压 U 小于正向转折电压 U_{BO} 时，呈高阻态；当 $U > U_{BO}$ 时，管子进入负阻区。同理，当 U 超过反向转折电压 U_{BR} 时，管子也能进入负阻区。双向触发二极管的耐压值 $U_{BO}(U_{BR})$ 大致分为 3 个等级：20~60 V、100~150 V 和 200~250 V。

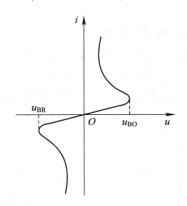

图 1-25　双向触发二极管的伏安特性曲线

双向触发二极管转折电压的对称性用 ΔU_B 表示，$\Delta U_B = U_{BO} - |U_{BR}|$，一般要求 $|\Delta U_B| < 2$ V。

实际应用中，除应根据电路的要求选取适当的转折电压 U_{BO} 外，还应选择转折电流 I_{BO} 小、转折电压偏差 ΔU_B 小的双向触发二极管。

双向触发二极管与双向晶闸管组成的调光电路如图 1-26 所示。合上开关 S，在电源的正半周，电源电压 U_2 经过由 R_P 与 C 组成的移相电路给电容 C 充电，电容 C 端的 U_A 电位上升到双向触发二极管正向转折电压 U_{BO} 时，双向触发二极管 VD 突然转折导通，从而使双向晶闸管 VT 触发导通。在 VT 导通后，将触发电路短路，电容 C 通过电阻 R_P 放电。在 U_2 过零瞬间，VT 自行关断。

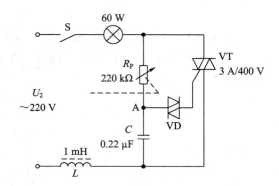

图 1-26　双向触发二极管与双向晶闸管组成的调光电路

在电源的负半周，电容 C 反向充电，U_A 电位下降到双向触发二极管的负向转折电压 U_{BR} 时，双向触发二极管转折导通。只要改变 R_P 的阻值，便可改变电容 C 的充电时间常数，从而改变正负半周控制角 α 的大小，在负载上得到不同的输出电压。电感 L 用于消除高次谐波对电网的影响。

3．设计方案 3

单结晶体管触发电路结构简单，输出脉冲前沿陡，抗干扰能力强，运行可靠，调试方便，广泛应用于对中小容量晶闸管的触发控制。

1）单结晶体管

在一块 N 型硅片一侧的上下两端各引出一个电极，电极和 N 型硅片是欧姆接触，下端的电极称为第一基极 b_1，上端的电极称为第二基极 b_2；在 N 型硅片的另一侧靠近 b_2 的部位掺入 P 型杂质引出电极，称为发射极 e。因为发射极与 N 型硅片间构成一个 P-N 结，所以称这种晶体管为单结晶体管。单结晶体管的结构、等效电路及电气图形符号如图 1-27 所示。

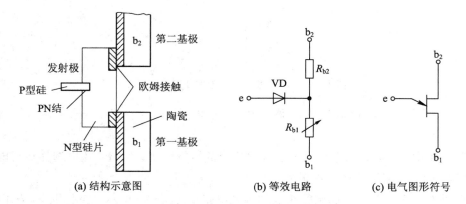

(a) 结构示意图　　　　　(b) 等效电路　　　　　(c) 电气图形符号

图 1-27　单结晶体管的结构、等效电路及电气图形符号

单结晶体管原理测试电路如图 1-28(a)所示。单结晶体管可用一个 P-N 结和两个电阻 R_{b1}、R_{b2} 组成的等效电路替代，如图 1-28(b)所示。在两个基极之间加电压 U_{bb}，R_{b1} 上分得的电压为

$$U_{A} = \frac{R_{b1}}{R_{b1} + R_{b2}} U_{bb} = \eta U_{bb} \qquad (1-29)$$

式中 η 称为分压比，其值一般在 $0.5 \sim 0.8$ 之间。

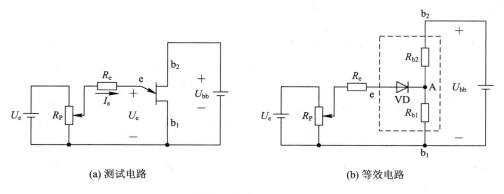

(a) 测试电路　　　　　　　　　　　　　　**(b) 等效电路**

图 1-28　单结晶体管原理测试和等效电路

　　单结晶体管的伏安特性曲线可以分为截止区、负阻区和饱和区，如图 1-29 所示。单结晶体管发射极 e 上加可变电源 U_e，U_e 可以用电位器 R_P 进行调节，从零开始逐渐升高。当 U_e 小于 U_A 时，P-N 结承受反向电压，仅有微小的漏电流通过 P-N 结，R_{b1} 呈现很大的电阻，这时晶体管处于截止状态。

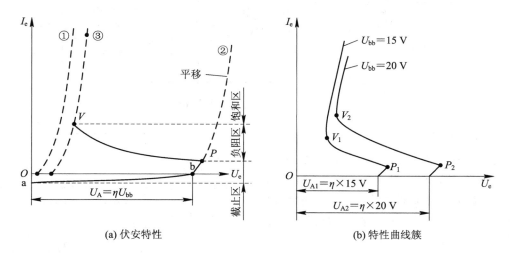

(a) 伏安特性　　　　　　　　　　　　　　**(b) 特性曲线簇**

图 1-29　单结晶体管伏安特性

　　当 $U_e = \eta U_{bb} + U_{VD}$ 时，单结晶体管内 P-N 结导通，发射极电流 I_e 突然增大，把这个突变点称为峰点 P，对应的电压 U_e 和电流 I_e 分别称为峰点电压 U_P 和峰点电流 I_P。I_P 代表了使单结晶体管导通所需的最小电流。随着发射极电流 I_e 不断上升，U_e 不断下降，降到 V 点后就不再降了，这个点称为谷点，与其对应的发射极电压和电流，称为谷点电压 U_V、谷点电流 I_V。通常单结晶体管的谷点电压 U_V 为 $1 \sim 2.5$ V，谷点电流 I_V 为几个毫安，峰点电流 I_P 小于 2 μA。

2) 自动调光电路

简易自动调光电路如图 1-30 所示。交流电压经整流桥整流后，一路经降压限流电阻器 R_1 后，由稳压管 VD 稳压得到 9 V 的脉动直流电压供控制电路使用，另一路加到调光主电路照明灯 HL 和晶闸管 VT 的两端。改变 VT 的导通角即可改变 HL 的亮度。HL 中通过的是脉动直流电流，控制电路使用脉动直流电源可保证输出的触发脉冲与 VT 的阳极电压同步。光敏电阻器 R_G 用作光传感器(探头)。晶体管 VT_1、电阻器 R_2 与 R_3 等组成误差放大器，VT_1 实质上起电位器作用。单结晶体管 VT_2(BT33)、电容器与有关的电阻等组成弛张振荡器，作为 VT 的触发电路。当探头处的照度发生变化时，如改变探头和照明灯的距离使探头处照度降低，则 R_G 的阻值增大，VT_1 的基极电位降低，集电极电流增加，电容器 C_2 的充电时间缩短，触发脉冲相位前移，VT 导通角增大，灯的亮度增加。反之，当探头处照度增加时，灯的亮度减弱。在探头位置不变的情况下，当电源电压发生波动时，也能使灯的亮度保持不变，起到稳定亮度的作用。由电容器 C_1 与电感器 L 组成的交流电源噪声滤波电路，可抑制其他电子设备的射频干扰。

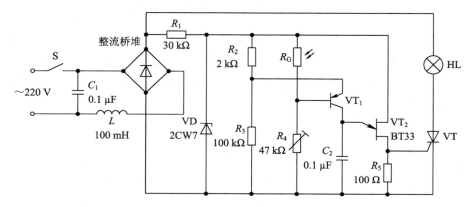

图 1-30　简易自动调光电路

4. 设计方案 4

随着集成电路制造技术的不断提高，集成触发电路产品不断出现，且应用越来越普及，已逐步取代分立式电路。集成电路具有可靠性高、技术性能好、体积小、功耗低、使用调试方便等特点。

用于双向晶闸管零电压或零电流触发的单片集成电路 KC08，可直接触发 50 A 的双向晶闸管，若外加功率扩展，则可触发 200 A 或更大容量的双向晶闸管。它与双向晶闸管配合可作为光控开关和单相交流电器的无触点开关。其应用电路如图 1-31 所示。

该电路 S_1 闭合，S_2、S_3 断开时，主要作为温度控制电路来使用。电源电压通过电阻

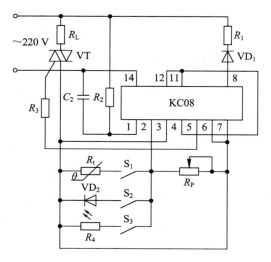

图 1-31　KC08 的应用电路

R_2 加到 KC08 的第 1、14 脚之间，以检测电源电压过零点。第 4、11、12 脚短接，在第 4 脚得到一个固定的电位；第 2 脚的电位取决于热敏电阻 R_t 与电位器 R_P 的分压。R_t 作为温度反馈电阻，它的阻值随温度升高而降低。则第 2 脚的电位随温度升高而升高，调节电位器 R_P 即可改变温度的设定值。当被控温度超过设定值时，第 2 脚的电位高于第 4 脚的电位，过零点的触发脉冲消失；反之，被控温度下降到设定值以下时，第 2 脚的电位低于第 4 脚的电位，晶闸管重新得到过零触发脉冲而导通。

同理，该电路用作光控开关时，需要将 S_2 闭合，S_1、S_3 断开。光线弱时，KC08 第 2 脚的电位低于第 4 脚的电位，双向晶闸管导通；反之，当光线增强时，第 2 脚的电位高于第 4 脚的电位，双向晶闸管关断。调节 R_P 可在不同光照度下控制双向晶闸管 VT 的通断。

1.4.2　器件选型

晶闸管的参数计算是调光器主电路设计的重要环节，需要重点考虑额定电压和额定电流两大因素。

晶闸管的额定电压（U_{RRM}）必须大于器件在电路中实际承受的最大电压。考虑过电压因素的影响，U_{RRM} 一般取 2～3 倍的安全裕量，即

$$U_{RRM} \geqslant (2 \sim 3)U_m \tag{1-30}$$

式中：(2～3)为安全系数；U_m 为电路中的最大电压。

晶闸管的额定电流的有效值（$1.57 I_{T(AV)}$）必须大于实际流过管子电流的最大有效值 I_T。由于晶闸管的热容量小、过载能力低，因此实际选用时，一般取 1.5～2 倍的安全裕量，即

$$1.57 I_{T(AV)} \geqslant (1.5 \sim 2)I_T \tag{1-31}$$

实际电路中，流过晶闸管的电流可能是任意波形，应根据电流有效值相等即发热相同的原则进行计算，即

$$I_{T(AV)} \geqslant (1.5 \sim 2)\frac{K_f I_d}{1.57} \tag{1-32}$$

式中：(1.5～2)为安全系数；K_f 为任意波形的波形系数；I_d 为电路中任意波形的电流平均值。

普通晶闸管的型号命名原则如图 1-32 所示。

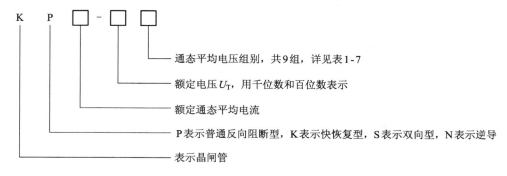

图 1-32　普通晶闸管的型号命名原则

晶闸管的通态平均电压分为 9 组，如表 1-7 所示。

表 1 - 7   晶闸管的通态平均电压分组情况

组别	U_F
A	$U_F \leqslant 0.4$
B	$0.4 < U_F \leqslant 0.5$
C	$0.5 < U_F \leqslant 0.6$
D	$0.6 < U_F \leqslant 0.7$
E	$0.7 < U_F \leqslant 0.8$
F	$0.8 < U_F \leqslant 0.9$
G	$0.9 < U_F \leqslant 1.0$
H	$1.0 < U_F \leqslant 1.1$
I	$1.1 < U_F \leqslant 1.2$

例如，KP200-15G 的具体含义为：额定电流为 200 A、额定电压为 1500 V、通态平均电压为 1 V 的普通型晶闸管。

对于设计方案 1 中图 1-23 所示的电路，设负载为 100 W 以下的灯泡，具体器件选型为：晶闸管选用塑封 KP1-7B 型，耐压应大于 700 V，维持电流最好在 20 mA 左右，门极触发电流应小于 20 mA，$VD_1 \sim VD_4$ 选用耐压大于 400 V、整流电流大于 500 mA 的二极管，如 2DG554、1N4007 等；R_P 选用 15 kΩ/2 W 的线性电位器，最好带开关；L 可以采用 200 μH 电感。在工程应用时，晶闸管应加散热片。

■例题解析

例 1-4   有一单相桥式全控整流电路，负载为电阻性，要求 $\alpha = 30°$ 时，$U_d = 80$ V，$I_d = 7$ A。计算整流变压器的二次电流 I_2，并按照上述工作条件选择晶闸管。

单相桥式全控
整流电路

解   由 $I_d = \dfrac{U_d}{R_L}$ 得

$$R_L = \frac{U_d}{I_d} = \frac{80 \text{ V}}{7 \text{ A}} \approx 11.4 \text{ } \Omega$$

根据

$$U_d = 0.9 U_2 \frac{(1 + \cos\alpha)}{2}$$

得

$$U_2 \approx 95 \text{ V}$$

由上述计算结果得

$$I_2 = \frac{U_2}{R_L} \sqrt{\frac{\pi - \alpha}{\pi} + \frac{\sin 2\alpha}{2\pi}} \approx 82.12 \text{ A}$$

$$I_T = \frac{I_2}{\sqrt{2}} \approx 58 \text{ A}$$

$$I_{\text{T(AV)}} = \frac{I_{\text{T}}}{K_{\text{f}}} = \frac{58}{1.57} \approx 37 \text{ A}$$

考虑裕量系数取 2，则

$$2 \times 37 \text{ A} = 74 \text{ A}$$

$$2\sqrt{2}U_2 = 2\sqrt{2} \times 95 \text{ V} \approx 268.7 \text{ V}$$

因此可选额定电流为 100 A、额定电压为 300 V 的 KP100-3 晶闸管。

1.4.3　仿真验证

电力电子技术涉及电力、电子、控制等多个领域的知识，因此在电力电子系统的设计和开发过程中，仿真验证可以帮助设计人员更好地理解电路和系统的性能，降低设计成本和风险，进行系统级别的优化和集成。

1. PSIM 简介

PSIM 是一款电子电路仿真软件，它可以帮助工程师和学生设计、分析各种电子电路，包括功率电子电路、控制电路等。PSIM 提供了直观的用户界面和丰富的元件库，可以方便地绘制电路图、进行仿真测试和分析仿真结果。

使用 PSIM 进行电路仿真的一般步骤如下：

（1）创建新项目。在 PSIM 中，可以创建新项目并选择相应的仿真类型和仿真参数。

（2）绘制电路图。PSIM 提供了丰富的元件库，可以方便地绘制电路图。在绘制电路图时，需要注意元件的参数设置和连线的正确性。

（3）设置仿真参数。在进行仿真测试前，需要设置仿真参数，包括仿真时间、仿真步长等，可以根据具体的仿真需求进行设置。

（4）进行仿真测试。在设置好仿真参数后，可以进行仿真测试。PSIM 提供了仿真结果的可视化界面，可以方便地查看仿真结果。

（5）分析仿真结果。在进行仿真测试后，可以对仿真结果进行分析，包括查看电路波形、计算电路参数等。

2. 调光器的仿真设计

下面以设计方案 1 中的调光电路拓扑结构为例进行仿真设计。调光电路是由交流电源、电感、电容、二极管、晶闸管、负载电阻以及触发脉冲控制器等部分组成的。触发脉冲控制器在 PSIM 软件中可采用门控模块、α 控制器、方波电源等多种方案，这里选取门控模块作为触发脉冲控制器。

调光器的仿真设计步骤如下：

1）仿真模型搭建

（1）打开 PSIM 软件，新建一个仿真电路原理图设计文件。

（2）根据图 1-33 所示的电路图，从 PSIM 元件库中选取调光电路所需的交流电源、电感、电容、二极管、晶闸管、负载电阻以及触发脉冲控制器等元件放置于电路设计图中。放置元件的同时调整元件的位置及方向，以便后续进行原理图的连接。

（3）利用 PSIM 软件中的画线工具，按照对应的拓扑图将电路连接起来，组建成电路仿真模型。画线时可适当调整元件位置及方向，使所搭建的模型更加美观。

（4）放置测量探头，测量需要观察的电压、电流等参数。本仿真案例中放置的电压与电流探头可用来测量电源电压、负载电压以及负载电流等多个参数。搭建完成的电路仿真模型如图 1-33 所示。

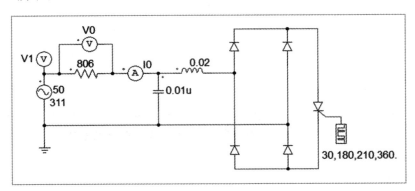

图 1-33　调光器电路仿真模型

2）电路元件参数设置

本仿真案例中将调光电路的交流电源设置为 220 V、50 Hz，电感设置为 20 mH，电容设置为 0.01 μF，负载电阻设置为 806 Ω(60 W 灯泡)，触发脉冲控制器的频率与交流电源的频率保持一致，其他未提及参数均采用默认设置。电路的电压探头与电流探头的命名如图 1-33 所示。

3）电路仿真

完成电路仿真模型的搭建后，放置仿真控制元件，并设置仿真控制参数。在此仿真案例中仿真步长设置为 1 μs，仿真总时间设置为 0.1 s，其他参数保持默认配置。参数设置完成后即可运行仿真。

4）仿真结果分析

在仿真结束后，PSIM 自动启动 Simview 波形显示窗口。将仿真模型中所需要的测量参数分别添加到波形显示窗口，观察仿真结果波形。触发角 $\alpha = 30°$ 时，输出电压、输出电流的仿真波形与仿真数据如图 1-34 所示。触发角 $\alpha = 60°$ 时，输出电压、输出电流的仿真波形与仿真数据如图 1-35 所示。触发角 $\alpha = 90°$ 时，输出电压、输出电流的仿真波形与仿

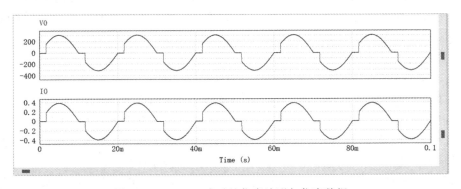

图 1-34　$\alpha = 30°$ 时的仿真波形与仿真数据

真数据如图 1-36 所示。触发角为 0°～150°时的仿真数据如表 1-8 所示。根据仿真数据可知，通过改变晶闸管的触发角能够改变负载两侧的输出电压与输出电流，以此验证仿真设计合理。

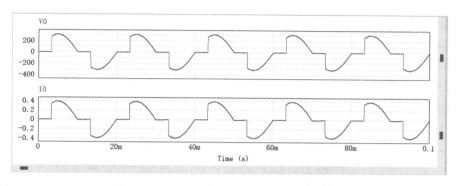

图 1-35　$\alpha = 60°$ 时的仿真波形与仿真数据

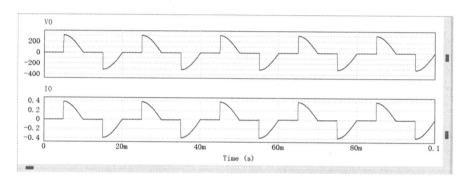

图 1-36　$\alpha = 90°$ 时的仿真波形与仿真数据

表 1-8　仿 真 数 据 表

α(°)	电压/V	电流/A	有功功率/W	视在功率/W
0	220	0.27	60	60
30	216.7	0.26	58.2	59.1
60	197.1	0.24	48.2	53.7
90	155.2	0.19	29.9	42.4
120	96.9	0.12	11.7	26.4
150	37.1	0.05	1.7	10.1

1.5　普通调光器的组装与调试

普通调光器的组装与调试要求学生在掌握电路原理的基础上，进行工程应用操作，以锻炼识图和基本操作能力，加深对电路的理解和掌握。这里仍以图 1-23 所示的电路图为例，进行电路组装与调试。调试前，学生需了解电路的基本组成、电气符号和基本电路元件的功能,以及电路中各元器件之间的连接关系。

1. 实践目标

(1) 能读懂普通调光器电路图。

(2) 能对照电路图看懂电路布局图。

(3) 会测试元器件的主要参数。

(4) 熟练进行元器件的安装与焊接。

2. 实践器材

普通调光器电路所需的元器件清单如表1-9所示。

表 1-9　普通调光器电路所需的元器件清单

元　器　件	数　量
电力二极管 73502	4
普通晶闸管 73503	1
电力电子负载 73509	1
15 V 直流电源供应模块 72686	1
参考变量发生器 73402	1
双脉冲控制单元 73512	1
交流电源	1
灯箱	1
示波器	1
万用表	1

3. 实践步骤

1) 电路布局

布局时应遵循以下原则:

(1) 电路一般分为控制电路和主电路,这两部分电路在布局时应注意隔离和区分。

(2) 回路电流应从左到右流动。

(3) 布局应有利于电路检查。

(4) 应先计算电路的电流、电压,在不超过每个器件最大限流值或耐压的前提下选择器件的种类和数量。

(5) 主电路的模块布局顺序应尽量和电路图保持一致。

(6) 布局完成后,可与标准布局图进行对比并改进。

完成后的普通调光器电路布局图如图 1-37 所示。

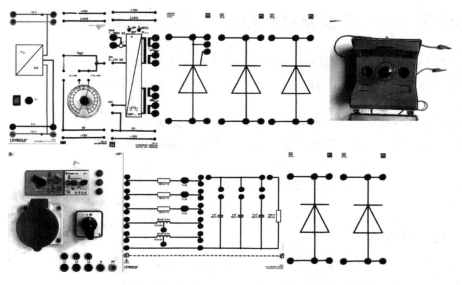

图 1-37　普通调光器电路布局图

2）电路连接与检查

布局图完成后，在如图 1-37 所示的布局图中进行模拟接线。接线时需注意以下几点：

（1）主电路与控制电路应分别连接，并注意隔离。

（2）主电路应按照电源、中间环节、负载这三部分依次进行连接。

（3）电路连接过程中应用不同颜色的导线区分不同回路，严禁一色到底。

（4）电源 U、V、W 三相电应分别对应使用黄、绿、红三种颜色，中性线应使用蓝色，保护接地线应使用黄绿色。

（5）控制电路如果有多个脉冲，应使用不同颜色进行区分。

按照以上原则连接电路，并对连接后的电路进行仔细检查，确保接线正确。

3）电路上电与调试

接线完成后通电进行测试。

任务2　电子镇流器的设计、仿真与实践

荧光灯是一种利用荧光粉发光的灯具。紧凑型荧光灯(CFL)具有更高的能效,发光效率是白炽灯的 5 倍,寿命是白炽灯的 5 ～ 10 倍,因此 CFL 是目前替代白炽灯的高效照明产品。

荧光灯必须连接镇流器才能接入电源正常工作。随着电力电子技术的发展,用高功率因数、低损耗的电子镇流器取代传统电感镇流器是"中国绿色照明工程"的一个重要举措。

2.1　全控型器件

2.1.1　电力晶体管

电力晶体管又称巨型晶体管(Giant Transistor,GTR),具有耐压高、电流大、开关特性好的特点,广泛应用于电源、电机控制、通用逆变器等电路中。

1. 基本结构与工作原理

GTR 的基本结构与信息电子电路中的晶体管相似,都是由 3 层半导体形成两个 P-N结构成的器件,也有 PNP 和 NPN 两种类型,其基本结构及电气图形符号如图 1-38 所示,三个电极分别称为发射极 E、基极 B 和集电极 C。为保证大功率应用的需要,在制造过程中采用特殊工艺及扩大结片面积来增大电流、提高开关速度和提高直流增益。GTR 通常采用NPN 结构。

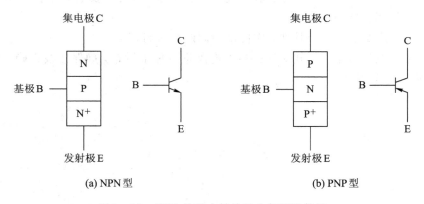

(a) NPN 型　　　　　　　　　　　　　(b) PNP 型

图 1-38　GTR 的基本结构及电气图形符号

单管 GTR 的电流增益低,将给基极驱动电路造成负担。提高电流增益的一种有效方式是由两个或多个晶体管复合而成达林顿结构,如图 1-39(a)所示,图中 V_1 为驱动管,V_2为输出管。常用的达林顿管如图 1-39(b)所示,由晶体管 V_1 和 V_2、稳定电阻 R_1 和 R_2、加速二极管 VD_1、续流二极管 VD_2 等组装而成。

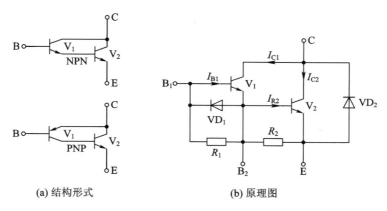

| (a) 结构形式 | (b) 原理图 |

图 1-39　达林顿 GTR 的结构及原理图

为了简化 GTR 的驱动电路，减小控制电路的功率，常将达林顿结构 GTR 做成 GTR 模块，如图 1-40 所示。目前生产的 GTR 模块可将 6 个互相绝缘的达林顿管电路做在同一模块内，方便搭建电路。

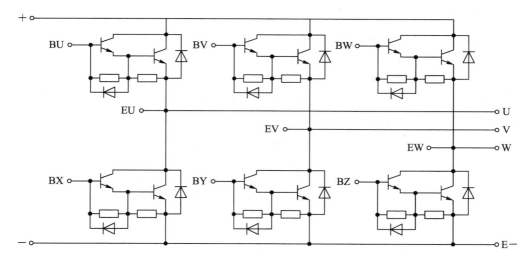

图 1-40　GTR 模块的内部电路

GTR 的工作原理与信息电子电路中晶体管的原理也相同，都是用基极电流 i_B 来控制集电极电流 i_C 的电流控制型器件。工程应用中 GTR 一般采用共发射极接法，如图 1-41 所示，集电极与发射极间施加正向电压，基极正偏（$i_B > 0$）时 GTR 处于导通状态；反偏（$i_B < 0$）时处于截止状态。

GTR 内部主要载流子流动情况如图 1-41 所示。其中，1 为从基极注入的越过正向偏置发射结的空穴；2 为与电子复合的空穴；3 为因热骚动产生的载流子构成的集电结漏电流；4 为越过集电结形成的集电极电流的电子；5 为发射极电子流在基极中因复合而失去的电子。

集电极电流 i_C 与基极电流 i_B 的比值称为 GTR 的电流放大系数，用 β 表示，即有

$$\beta = \frac{i_C}{i_B}$$

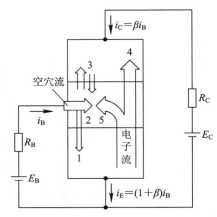

图 1-41　GTR 共发射极接法及内部载流子示意图

β 反映了器件基极电流对集电极电流的控制能力,通常为 10 左右。

GTR 产品说明书中给出的直流电流增益 h_{FE},是指在直流工作情况下集电极电流 I_C 与基极电流 I_B 之比,通常认为 $\beta \approx h_{FE}$。

2. 基本特性

GTR 的基本特性包括静态特性和动态特性。

1) 静态特性

GTR 的静态特性包括输入特性和输出特性。

GTR 的输入特性如图 1-42(a)所示,表示加在基-射极间的电压 U_{BE} 与所产生的基极电流 I_B 的关系。

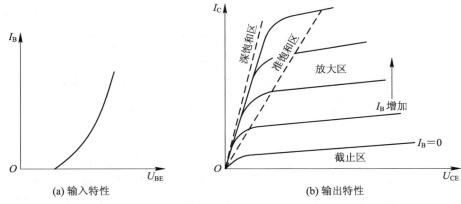

图 1-42　GTR 静态特性

GTR 的输出特性如图 1-42(b)所示,表示 GTR 在共发射极接法时集电极电压 U_{CE} 与集电极电流 I_C 的关系。随着 I_B 从小到大的变化,GTR 经过截止区、线性放大区、准饱和区和深饱和区 4 个区域。GTR 一般工作在开关状态,即对应截止区和深饱和区,但在开关切换过程中,要经过放大区和准饱和区。

在截止区 $i_B \leqslant 0$,GTR 承受高电压,$i_C = 0$,类似于开关的断态;在放大区 $i_C = \beta i_B$,GTR 应避免工作在放大区,以防止功耗过大而损坏;在饱和区,i_B 变化时 i_C 不再改变,管压降 U_{CE} 一般较小,类似于开关的通态。

2）动态特性

动态特性是指 GTR 在导通过程中基极电流 i_B、集电极电流 i_C 与时间的关系，如图 1-43 所示。GTR 基极注入驱动电流 i_B，这时并不立即产生集电极电流 i_C，i_C 是逐渐上升达到饱和值 I_{CS} 的。GTR 开通时间 t_{on} 由延迟时间 t_d 和上升时间 t_r 组成。当 GTR 基极加一个负的电流脉冲时，集电极电流 i_C 是逐渐减小到零的。GTR 的关断时间 t_{off} 由储存时间 t_s 和下降时间 t_f 组成。

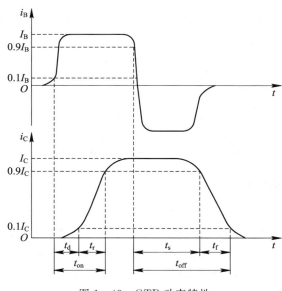

图 1-43　GTR 动态特性

3. 主要参数

GTR 与小功率晶体管一样，有电流放大倍数 β、直流电流增益 h_{FE}，集-射极间漏电流 I_{CEO}、开通时间 t_{on} 和关断时间 t_{off} 这些参数。工程实践中还需要关注下面的参数，如表 1-10 所示。

表 1-10　GTR 主要参数

名称	符号	说　明
集-射极击穿电压	$U_{(BR)CEO}$	当基极开路时，GTR 集电极和发射极间能承受的最高电压，也称为最小击穿电压。一般情况下，GTR 的最高工作电压 U_{CEM} 应比最小击穿电压 $U_{(BR)CEO}$ 低，从而保证器件工作安全
集-射极饱和压降	U_{CES}	GTR 工作在深饱和区时集电极和发射极间的电压值。GTR 的饱和压降 U_{CES} 一般不超过 1.5 V
基极正向压降	U_{BES}	GTR 工作在深饱和区时基极和发射极间的电压。U_{CES} 和 U_{BES} 是 GTR 在大功率应用中的两项重要指标，直接关系到器件的导通损耗，在使用中要引起注意。例如：达林顿管由多管复合而成，不可能进入深饱和区，因而其饱和压降 U_{CES} 大

名称	符号	说　　明
集电极电流最大值	I_{CM}	两种情况：一种是以 β 值下降到额定值 $1/3\sim1/2$ 时的 I_C 值定义为 I_{CM}；另一种是以结温和耗散功率为尺度来确定 I_{CM}，超过时将导致 GTR 内部烧毁。实际应用时要留有较大的安全裕量，一般只能用到 I_{CM} 的 $1/2$ 左右
基极电流最大值	I_{BM}	GTR 基极内引线允许通过最大的电流。通常取 $I_{BM}=(1/6\sim1/2)I_{CM}$
最高结温	T_{JM}	GTR 的最高结温由半导体材料性质、器件制造工艺、封装质量及可靠性等因素决定。一般情况下，塑料封装硅管结温为 $125\sim150\,℃$；金属封装硅管结温为 $150\sim175\,℃$
最大耗散功率	P_{CM}	GTR 在最高允许结温时对应的耗散功率，等于集电极电压 U_{CE} 与集电极电流 I_C 的乘积，是 GTR 容量的重要标志

2.1.2　电力场效应晶体管

电力场效应晶体管(Power Metal Oxide Semiconductor Field Effect Transistor，Power MOSFET)一种电压控制型电力电子器件。它具有驱动电路简单、驱动功率小、开关速度快、工作频率高(它是所有电力电子器件中工作频率最高的)、输入阻抗高、热稳定性优良、无二次击穿、安全工作区宽等显著优点；缺点是电流容量小、耐压低、通态电阻大。因此，电力场效应晶体管只适用于中小功率电力电子装置。

1. 基本结构与工作原理

电力 MOSFET 在结构上与信息电子电路中的场效应晶体管(简称信号 MOS 管)有较大的区别。电力 MOSFET 大都采用垂直导电结构，又称为 VMOSFET(Vertical MOSFET)，其漏极到源极的电流垂直于芯片表面流过，这种结构大大提高了器件的耐压和通流能力，电力 MOSFET 的结构示意如图 1-44 所示。

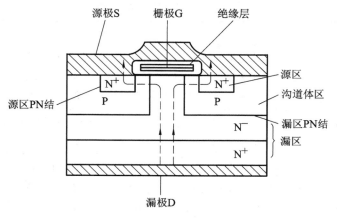

图 1-44　电力 MOSFET 的结构示意图

电力 MOSFET 的电气图形符号如图 1－45 所示，3 个电极分别是源极 S、漏极 D 和栅极 G，虚线部分为寄生二极管，又称体二极管。体二极管是电力 MOSFET 源极 S 的 P 区和漏极 D 的 N 区形成的寄生二极管，是电力 MOSFET 不可分割的整体。体二极管的存在使电力 MOSFET 失去了反向阻断能力。

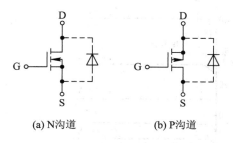

(a) N沟道　　　　　(b) P沟道

图 1－45　电力 MOSFET 的电气图形符号

当栅源极电压 $U_{GS} < U_T$（U_T 为开启电压，又称为阈值电压）时，栅极下面的 P 型体区无导电沟道形成，D、S 间相当于两个反向串联的二极管。即使加以漏极电压 U_{DS}，也没有漏极电流 I_D 出现。电力 MOSFET 处于截止状态。

当 $U_{GS} \geqslant U_T$ 时，栅极下面的 P 型体区形成导电沟道。若 $U_{DS} > 0$，则会产生漏极电流 I_D，电力 MOSFET 处于导通状态，且 U_{DS} 越大，I_D 越大。另外，在 U_{DS} 相同的情况下，U_{GS} 越大，沟道越宽，I_D 越大。

综上所述，电力 MOSFET 的漏极电流 I_D 受控于栅源极电压 U_{GS}。

2. 基本特性

电力 MOSFET 的基本特性包括静态特性和动态特性。

1）静态特性

电力 MOSFET 的静态特性主要是指转移特性和输出特性。

（1）转移特性。转移特性是指电力 MOSFET 漏源极电压 U_{DS} 一定时，其漏极电流 I_D 和栅源极电压 U_{GS} 之间的关系，如图 1－46 所示。

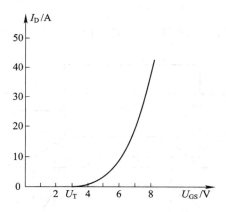

图 1－46　电力 MOSFET 的转移特性

（2）输出特性。输出特性是指以电力 MOSFET 的栅源极电压 U_{GS} 为参变量，漏极电流 I_D 和漏源极电压 U_{DS} 之间的关系，如图 1－47 所示。电力 MOSFET 的输出特性分为截止区、饱和区、非饱和区,分别与 GTR 的截止区、放大区和饱和区相对应。电力 MOSFET 主要工作在截止区和非饱和区。

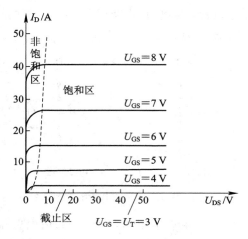

图 1-47 电力 MOSFET 的输出特性

截至区:$U_{GS} \leqslant U_T$,$I_D = 0$。

饱和区:$U_{GS} > U_T$,$U_{DS} \geqslant u_{GS} - U_T$。当 U_{GS} 不变时,I_D 几乎不随 U_{DS} 的增加而增加,近似为一常数,故称为饱和区。

非饱和区:$U_{GS} > U_T$,$U_{DS} < U_{GS} - U_T$,U_{DS} 和 I_D 之比近似为常数。非饱和是指 U_{DS} 增加时,I_D 相应增加。

2) 动态特性

电力 MOSFET 的动态特性主要是指其开关过程。电力 MOSFET 的开关过程波形如图 1-48 所示。电力 MOSFET 的开通时间为

$$t_{on} = t_{d(on)} + t_r \tag{1-33}$$

其中 $t_{d(on)}$ 表示延迟时间,t_r 表示电流 I_D 上升时间。

电力 MOSFET 的关断时间为

$$t_{off} = t_{d(off)} + t_f \tag{1-34}$$

其中,$t_{d(off)}$ 表示延迟时间,t_f 表示电流 I_D 下降时间。

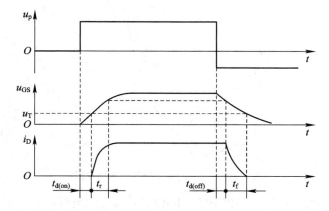

图 1-48 电力 MOSFET 的动态特性

电力 MOSFET 的 3 个电极之间分别存在极间等效电容 C_{GS}、C_{GD} 和 C_{DS}，它们的电容值是非线性的，等效电路如图 1-49 所示。电力 MOSFET 的输入电容 C_i、输出电容 C_o 和反馈电容 C_r 之间有如下关系：

$$C_i = C_{GS} + C_{GD} \qquad (1-35)$$

$$C_o = C_{DS} + C_{GD} \qquad (1-36)$$

$$C_r = C_{GD} \qquad (1-37)$$

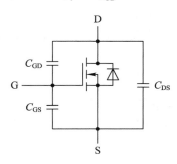

图 1-49　电力 MOSFET 极间等效电容

电力 MOSFET 的开关速度与输入电容 C_i 的充、放电速度有很大关系。电力 MOSFET 开通过程中需一定的驱动功率对输入电容 C_i 充电，开关频率越高，所需要的驱动功率就越大。使用者虽无法降低 C_i 的值，但可降低栅极驱动信号源的内阻 R_s，降低栅极回路的充电时间常数，加快开通速度。由于电力 MOSFET 只靠多子导电，不存在少子储存效应，因而其关断过程是非常迅速的。电力 MOSFET 的开关时间在 $10\sim100$ ns 之间，其工作频率可达 100 kHz 以上，是目前常用电力电子器件中最高的。

3. 主要参数

电力 MOSFET 的主要参数如表 1-11 所示。

表 1-11　电力 MOSFET 主要参数

名称	符号	说明
通态电阻	$R_{DS(on)}$	在确定的栅源极电压 U_{GS} 下，器件导通时漏源极电压 U_{DS} 与漏极电流 I_D 的比值，是电力 MOSFET 非常重要的参数
阈值电压	U_T	器件漏极流过一个特定的电流时所需的最小栅源极电压。实际使用时，栅源极电压 U_{GS} 是阈值电压 U_T 的 $1.5\sim2.5$ 倍。器件的 U_T 一般为 $2\sim6$ V，故栅源极驱动电压设计为 15 V
跨导	g_m	跨导是衡量器件放大能力的重要参数，反映了栅源极电压 U_{GS} 对漏极电流 I_D 的控制能力
漏源击穿电压	$U_{(BR)DS}$	表征器件的耐压极限，决定了器件的最高工作电压
栅源击穿电压	$U_{(BR)GS}$	栅源间能承受的最高正反向电压，栅源间绝缘层很薄，$\|U_{GS}\| > 20$ V 将导致绝缘层击穿。一般取 $U_{(BR)GS} = \pm 20$ V
漏极电流	I_D	当栅源电压 $U_{GS} = 10$ V，漏源电压 U_{DS} 为某一数值，器件内部温度不超过最高工作温度时，电力 MOSFET 允许通过的最大漏极连续电流

2.1.3 绝缘栅双极型晶体管

GTR 和 GTO 是双极型电流驱动器件，由于具有电导调制效应，其通流能力很强，但开关速度较慢，所需驱动功率大，驱动电路复杂。而电力 MOSFET 是单极型电压驱动器件，开关速度快，输入阻抗高，热稳定性好，所需驱动功率小而且驱动电路简单，但通流能力低，并且通态压降大。将这两类器件取长补短、适当结合，就构成了一种新型复合器件，即绝缘栅双极型晶体管（Insulated Gate Bipolar Transistor，IGBT）。IGBT 综合了 GTR、GTO 和 MOSFET 的优点，因而具有良好的特性。目前，IGBT 在电力电子设备中已成为应用范围广，且占有重要地位的半导体器件。

1. 基本结构与工作原理

IGBT 也是三端半导体器件，有栅极 G、集电极 C 和发射极 E。图 1-50 所示为由 N 沟道 MOSFET 和 GTR 复合制成的 IGBT 的基本结构、等效电路及电气图形符号，IGBT 外形如图 1-51 所示。

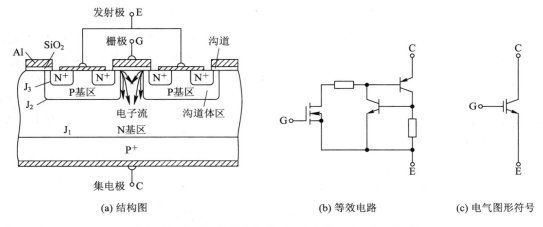

(a) 结构图 (b) 等效电路 (c) 电气图形符号

图 1-50　IGBT 的基本结构、等效电路和电气图形符号

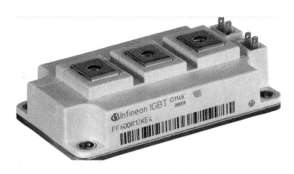

图 1-51　IGBT 的外形

IGBT 的开通和关断由栅极 G 控制。当栅极施以正电压时，MOSFET 的沟道建立，为内部等效的 PNP 晶体管提供了基极电流，从而使 IGBT 导通。当栅极上电压为零或施以负压时，MOSFET 的沟道消失，PNP 晶体管的基极电流被切断，IGBT 关断。

值得注意的是，IGBT 管的反向电压承受能力很低，只有几十伏，它限制了 IGBT 在需要阻断反向电压场合的应用。IGBT 模块总是将二极管同 IGBT 反并联地封装在一起。

2. 基本特性

IGBT 的基本特性包括静态特性和动态特性。

1）静态特性

IGBT 静态特性主要是指转移特性和输出特性。

（1）转移特性。转移特性是指 IGBT 的集电极电流 I_C 与栅射极电压 U_{GE} 的关系，如图 1-52(a)所示，它与电力 MOSFET 的转移特性相同，反映了器件的控制能力。当 U_{GE} 小于阈值（开启）电压 $U_{GE(th)}$ 时，IGBT 关断；当 U_{GE} 大于 $U_{GE(th)}$ 时，IGBT 开始导通；I_C 与 U_{GE} 基本呈线性关系。

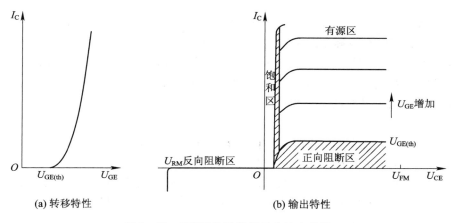

(a) 转移特性　　　　　　　　　(b) 输出特性

图 1-52　IGBT 的转移特性和输出特性

（2）输出特性。IGBT 的输出特性是指以栅射极电压 U_{GE} 为参变量，集电极电流 I_C 与集射极间电压 U_{CE} 之间的关系，曲线如图 1-52(b)所示，反映了器件的工作状态，且 I_C 受 U_{GE} 的控制。该特性与 GTR 的输出特性相似，不同的是 IGBT 的控制变量为栅射极电压 U_{GE}，GTR 为基极电流 I_B。

IGBT 的正向输出特性分为正向阻断区、有源区和饱和区，分别与 GTR 的截止区、放大区和饱和区相对应。

正向阻断区：当 $U_{CE} > 0$，$U_{GE} < U_{GE(th)}$ 时，集电极只有很小的漏电流流过，$I_C \approx 0$，IGBT 正向阻断。

有源区：当 $U_{CE} > 0$，$U_{GE} > U_{GE(th)}$ 时，IGBT 进入正向导通状态，I_C 与 U_{GE} 基本呈线性关系，而与 U_{CE} 无关。

饱和区：输出特性比较明显弯曲的部分，此时 I_C 与 U_{GE} 不再是线性关系。

在电力电子电路中，IGBT 工作在正向阻断区和饱和区之间，有源区在开关过程中被越过。

60 A/1000 V 的 IGBT 输出特性曲线如图 1-53 所示。若 U_{GE} 不变，导通压降 U_{CE} 随电流 I_C 增大而增高，因此通过检测电压 U_{CE} 来判断器件是否过流。若 U_{GE} 增加，则 U_{CE} 降低，器件导通损耗将减小。

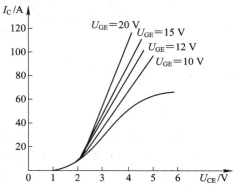

图 1-53　60A/1000V IGBT 伏安特性

2）动态特性

IGBT 的动态特性（也称为开关特性）是指 IGBT 在开关期间的特性，包括开通过程和关断过程两个方面，如图 1-54 所示。IGBT 的开通过程与电力 MOSFET 相似，因为开通过程中 IGBT 在大部分时间内作为电力 MOSFET 在运行。IGBT 的开通时间 t_{on} 为开通延迟时间 $t_{d(on)}$ 与电流上升时间 t_r 之和，即

$$t_{on} = t_{d(on)} + t_r \tag{1-38}$$

式中：$t_{d(on)}$ 为从 U_{GE} 上升至其幅值的 10% 的时刻开始，到 I_C 上升至 I_{CM} 的 10% 所需的时间；t_r 为 I_C 从 $10\% I_{CM}$ 上升至 $90\% I_{CM}$ 所需的时间。

U_{CE} 的下降过程分为 t_{fv1} 和 t_{fv2} 两段：t_{fv1} 是 IGBT 中电力 MOSFET 单独工作的电压下降过程；t_{fv2} 是电力 MOSFET 和 PNP 晶体管同时工作的电压下降过程。

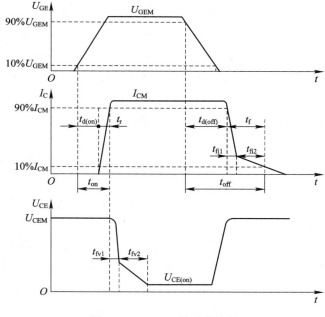

图 1-54　IGBT 的开关特性

IGBT 关断时间 t_{off} 为关断延迟时间 $t_{d(off)}$ 与电流下降时间 t_f 之和，即

$$t_{\text{off}} = t_{\text{d(off)}} + t_{\text{f}} \tag{1-39}$$

式中：$t_{\text{d(off)}}$ 为从 U_{GE} 后沿下降到其幅值 90% 的时刻起到 I_{C} 下降至 90% I_{CM} 所需的时间；t_{f} 为 I_{C} 从 90% I_{CM} 下降至 10% 所需的时间。

电流下降时间 t_{f} 又可分为 t_{fi1} 和 t_{fi2} 两段。t_{fi1} 是内部电力 MOSFET 的关断过程，I_{C} 下降较快；t_{fi2} 是内部 PNP 晶体管的关断过程，I_{C} 下降较慢，导致 IGBT 产生拖尾电流，如图 1-55 所示，拖尾电流使得 IGBT 的关断损耗高于电力 MOSFET。

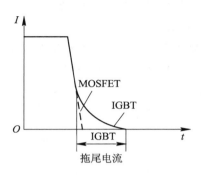

图 1-55　IGBT 的拖尾电流

3. 主要参数

IGBT 的主要参数如表 1-12 所示。

表 1-12　IGBT 主要参数

名称	符号	说　明
最大集-射极间电压	U_{CES}	IGBT 允许的最高集-射极间电压，也称为 IGBT 的耐压。目前 IGBT 产品的 U_{CES} 往往集中于几个电压等级，有 600 V、1200 V、3300 V 等
正向导通饱和压降	$U_{\text{CE(Sat)}}$	IGBT 处于饱和导通状态的 U_{CE}，一般在 2~4 V 之间
阈值电压	$U_{\text{GE(th)}}$	IGBT 导通的最低栅射极间电压。$U_{\text{GE(th)}}$ 随温度升高而略有下降，温度每升高 1℃，其值下降 5 mV 左右。在 +25℃ 时 $U_{\text{GE(th)}}$ 的值一般为 2~6 V
漏源击穿电压	$U_{\text{(BR)DS}}$	表征器件的耐压极限，决定了器件的最高工作电压
最大集电极电流	I_{CM}	IGBT 最大允许直流电流值，是 IGBT 的电流额定参数
最大功耗	P_{CM}	在额定的测试温度（壳温为 +25℃）条件下，IGBT 允许的最大耗散功率。在实际应用中，要保证实际功耗不能大于这个值

2.2　逆　变　电　路

逆变电路（Inverter Circuit）是与整流电路（Rectifier Circuit）相对应的，即是把直流电变成交流电的电路。逆变电路用于构成各种交流电源，在工业中得到广泛应用。

2.2.1　无源逆变概述

与整流相对应,将直流电变成交流电称为逆变。典型逆变电路由直流电源 E、开关$S_1 \sim$ S_4 和负载电阻 R_L 组成,如图 1-56(a)所示,S_1 和 S_4 组成一对桥臂,S_2 和 S_3 组成另一对桥臂。

当开关 S_1 和 S_4 闭合,S_2 和 S_3 断开时,直流电压 E 施加在负载 R_L 上,输出电压 $u_o =$ E,方向左正右负,u_o 为正值;反之,S_1 和 S_4 断开,S_2 和 S_3 闭合时,输出电压 $u_o = -E$,方向左负右正,u_o 为负值;若以 $T/2$ 周期交替切换 S_1、S_4 和 S_2、S_3,则 u_o 的波形如图 1-56 (b)所示。这样就把直流电转变成了交流电。改变两组开关的切换频率,就可以改变输出交流电的频率;改变直流电压 E 大小,就可以调节输出电压的幅值。这就是逆变电路最基本的工作原理。

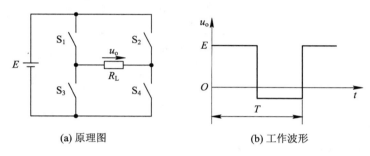

(a) 原理图　　　　　　　　　(b) 工作波形

图 1-56　逆变电路(电阻性负载)及工作波形

逆变电路输出电流的波形和相位取决于负载的性质;对于电阻性负载,电流 i_o 与 u_o 的波形相同,相位也相同;对于阻感性负载,i_o 相位滞后于 u_o,波形也不同。阻感性负载时逆变电路原理图及工作波形如图 1-57 所示。

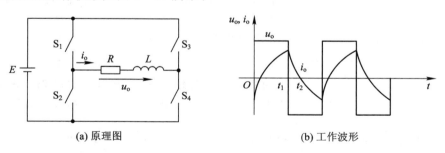

(a) 原理图　　　　　　　　　(b) 工作波形

图 1-57　逆变电路(阻感性负载)及工作波形

2.2.2　电压源型逆变电路

1. 半桥逆变电路

半桥逆变电路主要由两个导电桥臂构成,每个导电桥臂由一个全控型器件(这里选用 IGBT)和反向并联的二极管构成,如图 1-58(a)所示。为提供恒压源,电路在直流侧接有两个相串联的足够大的电容 C_1、C_2,且 $C_1 = C_2$,两个电容的连接点(N')便成为直流电源的中点。负载连接在直流电源中点和两个桥臂连接点之间。电路输出电压 u_o,输出电流 i_o。

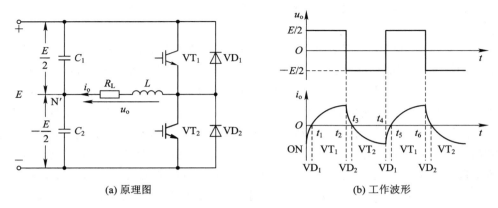

(a) 原理图　　　　　　　　　(b) 工作波形

图 1-58　半桥逆变电路及工作波形

设开关器件 VT_1 和 VT_2 的栅极信号在一个周期内各有半周正偏，半周反偏，且二者互补。当负载为感性时，其工作波形如图 1-58(b) 所示。输出电压 u_o 为矩形波、幅值 $U_m = E/2$；输出电流 i_o 的波形因负载情况而异。

$t_1 \sim t_2$ 期间：VT_1 为通态，VT_2 为断态，负载电流 $i_o > 0$，如图 1-59(a) 所示。

$t_2 \sim t_3$ 期间：t_2 时刻，VT_1 栅极加关断信号，VT_2 栅极加导通信号。虽 VT_1 关断，但感性负载中的电流 i_o 不能立即改变方向，因此 VT_2 尚不能立即导通，于是 VD_2 先导通续流，如图 1-59(b) 所示。

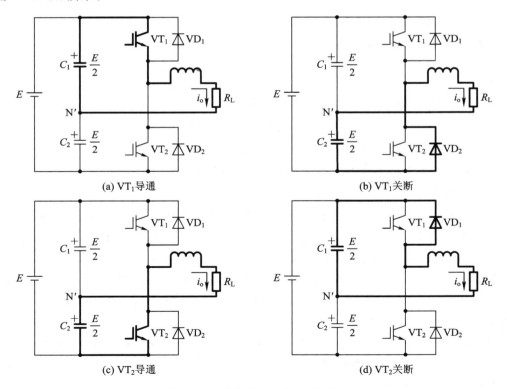

(a) VT_1 导通　　　　　　　　　(b) VT_1 关断

(c) VT_2 导通　　　　　　　　　(d) VT_2 关断

图 1-59　半桥逆变电路工作过程

$t_3 \sim t_4$ 期间：t_3 时刻，i_o 降为零时，VD_2 截止，VT_2 开始导通，$i_o < 0$，如图 1-59(c) 所示。

$t_4 \sim t_5$ 期间：t_4 时刻，VT_2 栅极加关断信号，VT_1 栅极加开通信号。虽 VT_2 关断，但感性负载中的电流 i_o 不能立即改变方向，因此 VT_1 尚不能立即导通，于是 VD_1 先导通续流，如图 1-59(d) 所示。t_5 时刻，$i_o = 0$ 时，VT_1 才开始导通，一个新的周期开始。

当 VT_1 或 VT_2 为通态时，负载电流和电压同向，直流侧向负载提供能量；而当 VD_1 或 VD_2 为通态时，负载电流和电压反向，负载电感中储存的能量向直流侧反馈，即负载电感将其吸收的无功能量反馈回直流侧。反馈回来的能量暂时储存在直流侧电容器中，直流侧电容器起着缓冲无功能量的作用。因二极管 VD_1、VD_2 是负载向直流侧反馈能量的通道，故称为反馈二极管；又由于 VD_1、VD_2 起着使负载电流连续的作用，因此又称为续流二极管。

桥臂上的两开关管 VT_1、VT_2 不能同时导通，否则将引起直流环节电压源短路。为了防止两个开关管同时导通，需要在 VT_1、VT_2 之间设置死区时间，在死区时间内两开关管均无驱动信号。逆变器运行最理想的状态是，死区时间等于反馈（续流）二极管 VD_1、VD_2 的导通时间。

通过上述分析可知，半桥逆变电路无论是阻性负载还是阻感性负载，根据图 1-58(b) 所示，其输出电压的波形均为 180°方波，幅值为 $E/2$。其输出电压的有效值为

$$U = \sqrt{\frac{2}{T} \int_0^{\frac{T}{2}} \left(\frac{E}{2}\right)^2 dt} = \frac{E}{2} \qquad (1-40)$$

式中，T 为逆变周期。

用傅里叶级数分析，输出电压 u_o 的基波分量有效值为

$$U_{o1} = \frac{2E}{\sqrt{2}\pi} \approx 0.45E \qquad (1-41)$$

阻感性负载时，输出电流 i_o 的基波分量为

$$i_{o1}(t) = \frac{\sqrt{2}U_{o1}}{\sqrt{R^2 + (\omega L)^2}} \sin(\omega t - \varphi) \qquad (1-42)$$

式中，φ 为 i_{o1} 滞后输出电压 u_o 的相位角，且 $\varphi = \arctan(\omega L / R_L)$。

2. 全桥逆变电路

全桥逆变电路采用 4 个 IGBT 作为开关器件，直流电压 E 接有大电容 C，使电源电压稳定，如图 1-60(a) 所示。电路中 VT_1、VT_4，以及 VT_2、VT_3 各组成一对桥臂，两对桥臂交替导通 180°，输出电压波形如图 1-60(b) 所示，与半桥电路电压波形相同，也是矩形波，但其幅值高出一倍，即 $U_m = E$。阻感性负载时，输出电流 i_o 的波形如图 1-60(b) 所示。

前面分析的都是 u_o 的正、负电压各为 180°矩形脉冲时的情况。在这种情况下，要改变输出交流电压的有效值，只能通过改变直流电压 E 来实现。

在带阻感负载时，还可以采用移相的方式来调节逆变电路的输出电压，这种方式称为移相调压。移相调压实际上就是调节输出电压脉冲的宽度。在图 1-60(a) 所示的单相全桥逆变电路中，IGBT 的栅极信号仍为 180°正偏、180°反偏，并且 VT_1 和 VT_2 的栅极信号互补，VT_3 和 VT_4 的栅极信号互补，但 VT_3 的栅极信号不是比 VT_1 落后 180°，而是只落后

$\theta(0° < \theta < 180°)$。也就是说，$VT_3$ 与 VT_4 的栅极信号不是分别和 VT_2 与 VT_1 的栅极信号同相位，而是前移了 $180° - \theta$。这样，输出电压 u_o 就不再是正、负脉冲宽度各为 $180°$ 的脉冲，而是正、负脉冲宽度各为 θ 的脉冲，IGBT 的栅极信号 $u_{g1} \sim u_{g4}$ 及输出电压 u_o、输出电流 i_o 的波形如图 1-60(b) 所示。

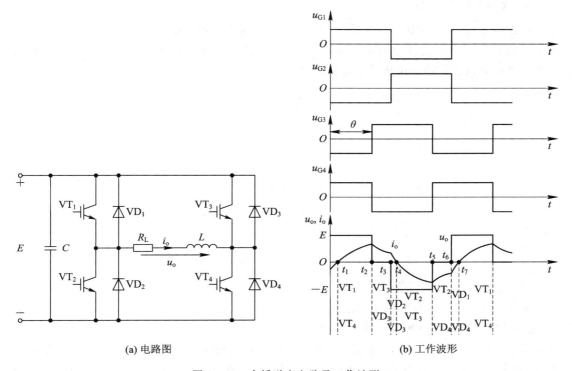

(a) 电路图　　　　　　　　　　(b) 工作波形

图 1-60　全桥逆变电路及工作波形

$t_1 \sim t_2$ 期间：VT_1 和 VT_4 导通，输出电压 $u_o = E$。

$t_2 \sim t_3$ 期间：t_2 时刻，VT_3 和 VT_4 栅极信号反向，VT_4 截止，因负载电感中的电流 i_o 不能突变，VD_3 导通续流，$u_o = 0$。

$t_3 \sim t_4$ 期间：t_3 时刻，VT_1 和 VT_2 栅极信号反向，VT_1 截止，VD_2 导通续流和 VD_3 构成电流通道，$u_o = -E$。

$t_4 \sim t_5$ 期间：t_4 时刻，负载电流 i_o 过零，VD_2 和 VD_3 截止，VT_2 和 VT_3 开始导通，$u_o = -E$。

$t_5 \sim t_6$ 期间：t_5 时刻，VT_3 和 VT_4 栅极信号反向，VT_4 不能立刻导通，VD_4 导通续流，$u_o = 0$。

以后的过程和前面类似，输出电压 u_o 的正、负脉冲宽度各为 θ。改变 θ，就可以调节输出电压。电阻性负载时，采用上述移相方法也可以得到相同的结果，只是 VD_1、VD_2 不再导通，不起续流作用。在 u_o 为零期间，4 个桥臂均不导通，负载上没有电流。

全桥逆变电路在单相逆变电路应用最多，负载上的电压幅值 U_{om} 和有效值 U_o 分别为

单相全桥逆变
电路实验

$$U_{\text{om}} = \frac{4E}{\pi} \approx 1.27E$$

$$U_{\circ} = \frac{2\sqrt{2}E}{\pi} \approx 0.9E$$

3. 推挽式逆变电路

推挽式逆变电路如图 1-61 所示,输入的直流电通过两个电子开关器件 VT_1、VT_2 的轮流导通和具有中心抽头变压器的耦合,变成了交流电。对于感性负载,反并联二极管 VD_1、VD_2 起到给无功能量提供反馈通道的作用。

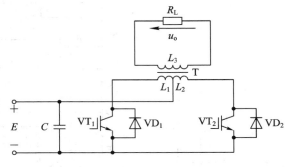

图 1-61 推挽式逆变电路

阻感性负载时电路工作原理分析如下:

VT_1 导通、VT_2 关断,电流流过绕组 L_1,L_1 产生左负右正的电动势,该电动势感应到 L_3 上,L_3 得到左负右正的电压供给负载。当 VT_1 关断,VT_2 的控制信号到来时,VT_2 暂时不能导通。因为 VT_1 关断后,电感 L_1 产生左正右负的感应电动势,该电动势送给 L_3,L_3 再感应到 L_2 上,L_2 感应电动势极性为左正右负。该电动势通过 VD_2 对电容 C 充电,将能量反馈给直流侧。当 L_2 上的感应电动势降到与输入电压 E 相等时,无法继续对 C 充电,VD_2 截止,VT_2 开始导通,有电流流过线圈 L_2。后面的分析过程同上,不赘述。

通过上述分析可知,变压器绕组的匝数比为 1:1:1 时,输出电压 $u_\circ$、电流 $i_\circ$ 的波形及幅值和全桥逆变电路的完全相同。

该电路所需的器件数量是全桥逆变电路的一半,但多了一个变压器,并且需要中心抽头。另外,器件承受的电压高($2E$)。此电路适用于小功率、开关频率较高的负载。

2.3 电子镇流器的设计与仿真

荧光灯是一种重要的电光源,镇流器是它的一个重要元件,但传统的镇流器功耗大,功率因数低,限制了它的使用,因此需要提高镇流器的工作性能。

电子镇流器已取代了传统的电感镇流器,不仅广泛用于日光灯、节能灯,还用于金属卤化物灯、钠灯、霓虹灯等照明电路中。电子镇流器不仅能量损耗有所下降,而且功率因数大幅提高,降低了无功功率在电网传输时的能量损耗,符合国家节能减排的战略方针。

由电子电路构成的高频电子镇流器如图 1-62 所示,它将市电电源的 50 Hz 交流电转变为 20 kHz 以上(常为 20~50 kHz)的高频交流电驱动荧光灯工作于高频状态,显著提高了照明效率与照明质量。电子镇流器本质上就是一个将工频交流电源转换成高频交流电源的变换器。

图 1-62   荧光灯电子镇流器

为使荧光灯正常工作，电子镇流器电路必须满足灯丝的预热电流、高电压启动、稳流 3个条件，原理如图 1-63 所示，由抗射频干扰(RFI)/电磁干扰(EMI)滤波器、全桥整流器、功率因数校正器、DC/AC 变换器、谐振电路等模块组成。

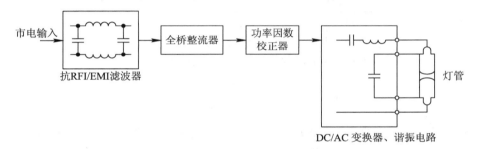

图 1-63   电子镇流器原理框图

50 Hz 的交流电经抗 RFI/EMI 滤波器、全桥整流器、无源或有源功率因数校正器后，变为直流电压，通过 DC/AC 变换器输出 20～100 kHz 的交流电，加到与灯管连接的 LC 串联谐振电路上；谐振电压加热灯丝并给灯管提供高压，迫使灯管由"放电"变成"导通"，进入气体发光工作状态。在同等亮度下，采用电子镇流器比传统电感镇流器可节电 20%～30%。

从电子镇流器的噪声角度而言，电子镇流器的工作频率应大于 20 kHz，但是从降低镇流磁芯的高频损耗的角度而言，电子镇流器的工作频率又不能选得太高，一般不应大于100 kHz，并且这个工作频率的大小还应和具体的灯管型号有关，同时还应考虑其在高频工作时产生的干扰对家用电器等的影响。例如 30～40 kHz 这个频率范围已基本被红外遥控系统使用，所以电子镇流器的工作频率应避开这个频段。

2.3.1   方案设计

电子镇流器可由分立元件构成，也可利用电子镇流器专用芯片来实现。

1. 设计方案 1

由电力 MOSFET 构成的高频自激电子镇流器电路如图 1-64 所示。工作原理如下：

当 220 V 交流电源接通时，VT_1 和 VT_2 两个器件电流的开通时间和上升时间不可能完全一致，其中开通时间短一点的管子(假如 VT_2)电流上升得快，则变压器同名端感应高电位,通过磁通耦合,VT_2 栅极电位上升,VT_2 漏极电流进一步增大;同时 VT_1 栅极电位下降并趋向截止。随着 VT_2 漏极电流增大,变压器磁路趋向饱和,磁通变化率 $d\phi/dt$ 急剧减小,VT_2 栅极电压随之迅速降低;同时 VT_1 栅极电位上升,使 VT_2 漏极电流减小,于是变压器一次绕组感应电动势反向,通过耦合,VT_2 栅极电压也反向,迫使 VT_2 截止,VT_1 栅极电压上升而导通,完成一次换相。可以看出,利用变压器磁路饱和,电路可以连续振荡,振荡频率由变压器二次侧负载电阻、高频扼流圈 L 和变压器漏感决定。

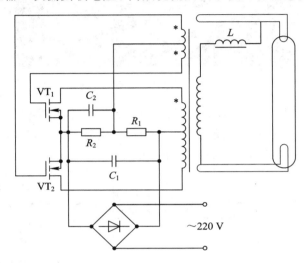

图 1-64　高频自激电子镇流器

交流电源经整流电路、电容器 C_1 滤波后得到直流电,直流电压在 R_1、R_2 和 C_2 上分压,R_2、C_2 两端电压同时加到 VT_1 和 VT_2 两只电力 MOSFET 的栅极,其值略大于器件的开启电压 U_T 值,以便在起动时 VT_1 和 VT_2 同时出现电流,再利用电路的自然不对称和正反馈作用引起振荡。

由于电力 MOSFET 作为高频功率开关时的特性比 GTR 优越且温度稳定性也好,因此在这类振荡电源中使用电力 MOSFET 更为适宜。类似的高频振荡电源经过某些改动,可以派生出其他多种用途,例如可将图中整流部分改用电池供电。适当选择变压器匝比,可以在变压器二次侧输出任意所需的电压,这在各种便携式仪器中有广泛的应用,也可将此用于应急照明中。

由于这类高频振荡电源摆脱了笨重的变压器和滤波器,因此十分轻便,制造也简单。这类电源的缺点是高频振荡会干扰电网,也会通过空间电磁辐射干扰通信信号,所以应注意屏蔽和在交流电源输入端进行滤波。

2. 设计方案 2

现在市场上广泛应用的 40 W 日光灯电子镇流器电路原理如图 1-65 所示,具体介绍如下:

220 V 交流电源流经由保险管 FU 和压敏电阻 R_v 组成的过压自动保护电路,该电路工作正常时,压敏电阻 R_v 不导通,处于断路状态。当供电电网发生错相或因其他故障使电源电压升高超过压敏电阻的压敏点时,压敏电阻会立即出现短路导通状态,使供电电流突然增大,超过保险管 FU 的熔断点,保险管被熔断,起到过压自动保护作用。

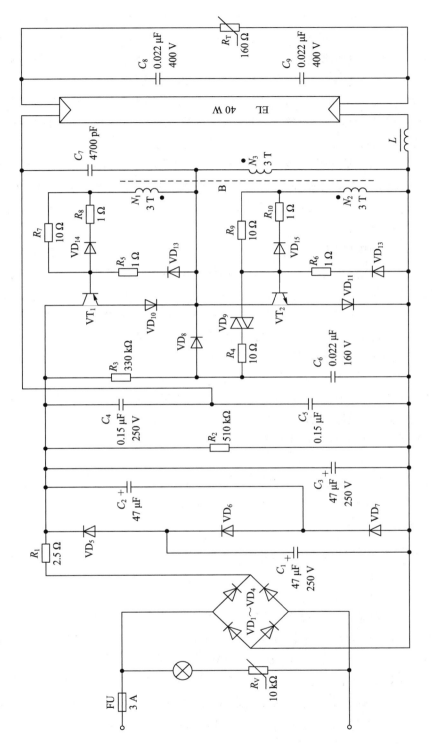

图 1 - 65　40 W 日光灯电子镇流器电路原理图

4 只二极管 $VD_1 \sim VD_4$ 对 220 V 交流电压进行桥式整流,电容 C_1 起滤波作用,其两端的直流电压接近 300 V。二极管 VD_5、VD_6、VD_7 以及电解电容 C_5 和 C_6 组成无源功率因数谐波滤波器(也称为无源功率因数校正电路),可以有效地抑制尖峰脉冲波,使整流电路中产生的高次谐波得到有效抑制,使电子镇流器的功率因数显著提高。

电子镇流器的主振级采用双向触发二极管启动的串联推挽半桥式逆变电路,开关功率管 VT_1、VT_2 起变频换能作用。频率 20 kHz 以上的方波振荡电源经 L 镇流线圈的限流及波形校正作用后,加到日光灯管上使 40 W 的日光灯管点亮工作。

C_8、C_9 为日光灯管串联谐振电路的启动电容器,为了增加耐压值,采用了两个电容器相串联的方法,使电容器的耐压值增加了一倍,以免被脉冲高压击穿。在电容器 C_8、C_9 两端并联一个正温度系数的热敏电阻 R_T,其目的是为了延长日光灯管的使用寿命,在启辉前让阴极有一个延时预热时间。

在常温下,热敏电阻 R_T 的阻值为 160～350 Ω。在电子镇流器接通电源的瞬间,高频振荡电流通过串联谐振电路的 L、C_8、C_9 时,因热敏电阻的短路作用使电容器上不能产生高压,从而使日光灯管不能启辉。同时电流只能通过电感及热敏电阻加到日光灯管的灯丝上,使灯丝进行预热。在灯丝预热过程中有电流通过热敏电阻 R_T,使热敏电阻的温度升高。当热敏电阻的温度上升到定点时,热敏电阻的阻值急剧增大,可超过 10 MΩ,相当于开路状态。此时串联谐振电路的电容器与镇流线圈 L 立即发生谐振,在串联谐振电路的电容器两端产生高频脉冲高压,激发日光灯管启辉点亮。

当日光灯管点亮以后,串联谐振电路的电容器又被点亮启辉后的日光灯管较低的内阻短路,破坏了谐振条件,电路中的电感线圈 L 便转入镇流作用。此时串联谐振电路中的电容器相当于一个高阻值的电阻并联在日光灯管两端,使日光灯管灯丝继续通过一个非常微弱的电流。

另外,电路中的电阻 R_1 起低频平滑滤波作用,同时对整流电源中的脉冲浪涌电流进行缓冲;R_4 对双向触发二极管起到保护作用。

3. 设计方案 3

采用 IR2155 芯片设计的电子镇流器突出的优点就是结构简单、工作可靠、功率因数高、调试安装方便、经济实用。

1)IR2155 芯片简介

IR2155 芯片是一种高压、高速 MOS 栅驱动集成电路,主要应用于高频开关电源、交流与直流电机驱动器、荧光灯交流电子镇流器及高频变换器中。IR2155 芯片采用 8 脚 DIP 封装,引脚配置与内部原理如图 1-66 所示。具体资料可查阅相关器件手册。

第 1 脚 V_{CC} 为 RI2155 芯片电源电压输入端,它与第 4 脚 COM 之间接有一只稳压管,稳压值为 16.5 V。第 2 脚和第 3 脚分别接电阻 R_T 和电容 C_T,改变其值则可改变振荡频率;$R_T = 35.8$ kΩ、$C_T = 1000$ pF 时振荡频率为 20 kHz;$R_T = 7.12$ kΩ、$C_T = 100$ pF 时振荡频率为 100 kHz。第 7 脚和第 5 脚分别为振荡器高频、低频信号输出端,驱动外接的两只功率开关管 MOSFET/IGBT。在高频和低频电路中,设有死区时间控制电路,防止电源短路。

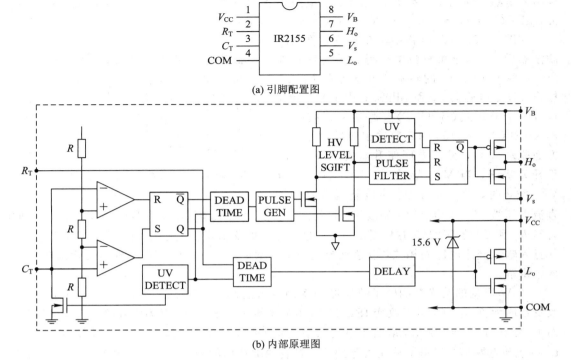

(a) 引脚配置图

(b) 内部原理图

图 1-66　IR2155 芯片引脚配置与内部原理图

2）典型应用

　　基于 IR2155 设计的荧光灯电子镇流器主要由电源噪声滤波器电路和 IR2155 芯片构成的振荡驱动电路两部分构成，如图 1-67 所示。

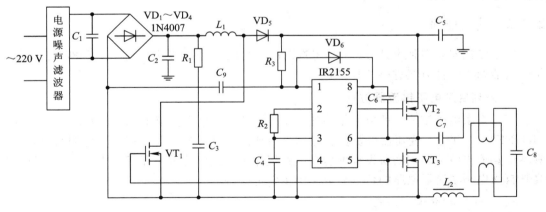

图 1-67　基于 IR2155 的电子镇流器

　　为了防止电网噪声干扰电路，同时也为了防止电路产生的瞬变电压噪声干扰电网，在电源输入端设计了电源噪声滤波器，如图 1-68 所示。扼流圈 L_2 对共模信号呈很大感抗，使之不易通过；高频陶瓷电容器 C_3 和 C_4 跨接在输入端，经分压后接地能有效抑制共模干扰。C_1 和 L_1 是为了抑制差模干扰，其中 C_1 建议使用薄膜电容器，且采用多个并联方式以减少引入电感,抑制干扰效果会更佳。此电路中各元件参数为:$L_1 = 15$ mH;$C_1 = C_2 = 0.1\ \mu\text{F}$;$C_3 = C_4 = 2.2\ \mu\text{F}$;$R_2 = 1$ kΩ;$L_2 = 0.5$ mH。

在图 1-67 所示电路中,市电经电源噪声滤波器后,输入全桥整流电路得到脉动直流电压,实现了 AC/DC 的转换。由电感器 L_1、二极管 VD_5、电容器 C_5 和 MOSFET 管 VT_1 等,构成一个升压式(BOOST)有源功率因数补偿器(APFC)。IR2155 的 5 脚输出脉冲信号,一方面驱动 VT_3,另一方面使升压管 VT_1 工作于开关状态,当 VT_1 导通时,VD_5 截止,当 VT_1 截止时,VD_5 则导通。全波整流后的脉动

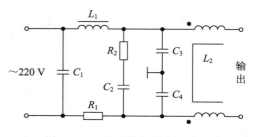

图 1-68　电源噪声滤波器电路

直流电压被 VT_1 斩波和 C_5 滤波后,得到的平滑直流电压作为驱动 VT_2 和 VT_3 的电源,同时经 R_3 和 C_9 给 IR2155 芯片提供电源。这时输入的交流电流是连续的,基本上是正弦波,并且和输入交流电压同相位,以达到校正功率因数的目的。具体工作原理将在后续项目任务中讲解。

40 W 以内的荧光灯的电子镇流器功率因数可达到 0.95 以上,电流的谐波明显减小。改变定时元件 R_2、C_4 可以改变 IR2155 内部振荡器的工作频率。因为负载电路为串联谐振,而 L_2 的感抗 $X_L = 2\pi f L$,取决于电流频率,所以调节 R_2 的阻值,即改变了开关频率 f,使 L_2 的感抗起相应的变化,从而可起到调节灯管两端功率的作用。原则上该电路可以配接不同功率的荧光灯管。

图 1-67 所示电路中元件参数为 $C_1 = C_2 = 0.1\ \mu\text{F}/400$ V;$C_3 = C_5 = 47\ \mu\text{F}$;$C_6 = C_7 = 0.1\ \mu\text{F}$;$C_4 = 0.01\ \mu\text{F}$;$C_8 = 0.033\ \mu\text{F}/630$ V;$C_9 = 100\ \mu\text{F}$;$L_1 = 600\ \mu\text{H}$;$L_2 = 3$ mH;VT_1、VT_2、VT_3 型号均为 IR720;$VD_1 \sim VD_6$ 型号均为 1N4007。IR720、1N4007 参数信息请查阅相关产品手册。

2.3.2　仿真验证

电子镇流器有多种设计方案,这里选取高频自激电子镇流器和基于 UC3872 芯片的电子镇流器两种设计方案进行仿真讲解。

1. 高频自激电子镇流器仿真

高频自激电子镇流器的电路结构如图 1-63 所示,是由交流电源、电阻、电容、电感、MOSFET、二极管、变压器以及负载等部分组成。其中负载部分使用一个电阻代替,通过观察仿真输出波形可判断所设计的仿真电路模型是否能够完成电子镇流器的工作。下面将高频自激电子镇流器电路的仿真分成 4 个步骤进行讲解。

1)仿真模型搭建

(1)打开 PSIM 软件,新建一个仿真电路原理图设计文件。

(2)从 PSIM 元件库中调取高频自激电子镇流器电路所需的交流电源、电阻、电容、电感、MOSFET、二极管、变压器以及负载电阻等元件,按照对应的拓扑图将电路连接起来,组建成仿真电路模型,如图 1-69 所示。画线时可适当调整元件位置及方向,令所搭建的模型更加美观。

(3)放置测量探头,测量需要观察的电压参数。

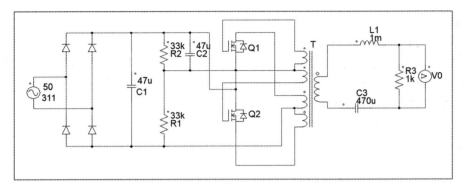

图 1-69　高频自激电子镇流器仿真电路模型

2）电路元件参数设置

本仿真案例中将调光电路的交流电源设置为 220 V、50 Hz，负载电阻设置为 1 kΩ，变压器变比为 1∶1，其他参数设置及电路的电压探头与电流探头的命名如图 1-69 所示。

3）电路仿真

完成仿真电路模型的搭建后，放置仿真控制元件，并设置仿真控制参数。在此仿真案例中仿真步长设置为 10 μs，仿真总时间设置为 2 s，其他参数保持默认配置。参数设置完成后即可运行仿真。

4）仿真结果分析

在仿真结束后，PSIM 自动启动 Simview 波形显示窗口。将电路模型中所需要测量参数分别添加到波形显示窗口，观察仿真结果波形。采用电阻 R_3 模拟电子镇流器及灯管部分，观察输出电压的波形，如图 1-70 所示。

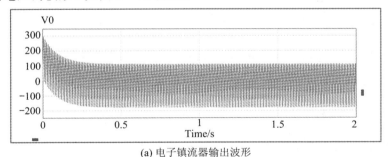

(a) 电子镇流器输出波形

(b) 稳定时的输出波形

图 1-70　电子镇流器输出波形图

2. 基于 UC3872 芯片的电子镇流器仿真

基于 UC3872 芯片的电子镇流器电路图如图 1-71 所示，由电源、电阻、电容、电感、MOSFET、二极管、变压器、UC3872 以及负载等所组成。负载部分采用一个电阻代替，通过观察输出波形可判断所设计的仿真电路模型是否合理。UC3872 芯片的各引脚功能及芯片的具体参数请查阅相关资料。

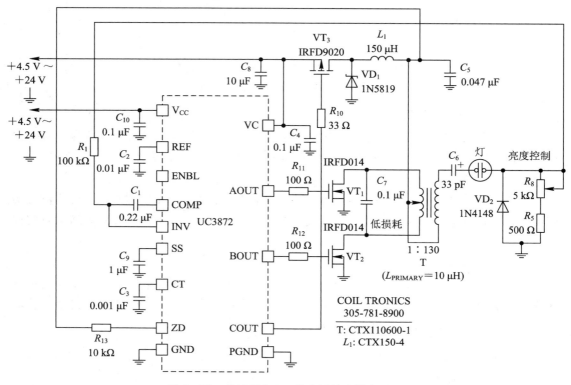

图 1-71 基于 UC3872 的电子镇流器电路图

基于 UC3872 芯片的电子镇流器的仿真设计步骤如下：

1) **仿真模型搭建**

（1）打开 PSIM 软件，新建一个仿真电路原理图设计文件。

（2）从 PSIM 元件库中选取基于 UC3872 的电子镇流器电路所需的电源、电阻、电容、电感、MOSFET、二极管、变压器、UC3872 以及负载电阻等元件，按照对应的拓扑图将电路连接起来，组建成仿真电路模型，如图 1-72 所示。画线时可适当调整元件位置及方向，令所搭建的模型更加美观。

（3）放置测量探头，测量需要观察的电压、电流等参数。本仿真案例中放置的电压探头和电流探头可用来测量电源电压，负载电压以及负载电流等参数。

2) **电路元件参数设置**

本仿真案例中将调光电路的分段线性电源设置为 0 V、24 V、24 V，更改时刻设置为 0 s、100 μs、100 s；负载电阻设置为 100 kΩ；变压器变比为 134:1，其他参数设置及电路的电压探头与电流探头的命名如图 1-72 所示。分段线性电压源可以设置任意点数，一个点数对应一个电压值和一个更改时刻，在该时刻电压源的值会自动变为所设置的值。

3）电路仿真

完成仿真模型的搭建后，放置仿真控制元件，并设置仿真控制参数。在此仿真案例中仿真步长设置为 0.01 μs，仿真总时间设置为 0.02 s，其他参数保持默认配置。参数设置完成后即可运行仿真。

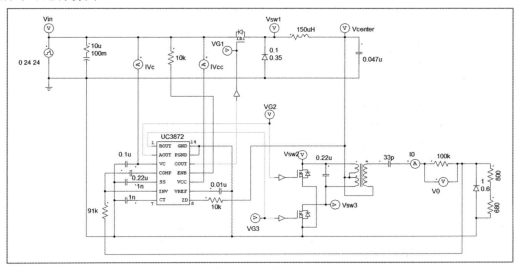

图 1-72 基于 UC3872 的电子镇流器仿真电路模型

4）仿真结果分析

在仿真结束后，PSIM 自动启动 Simview 波形显示窗口。将电路模型中所需要测量参数分别添加到波形显示窗口，观察仿真结果波形。采用一个电阻模拟电子镇流器及灯泡负载，通过观察仿真波形，判断图 1-72 所示仿真电路模型是否完成了对电子镇流器的仿真模拟，相关仿真波形如图 1-73 所示。

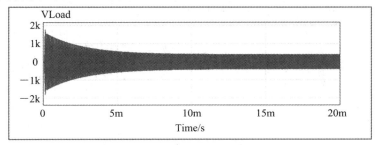

(a) 电子镇流器输出仿真波形

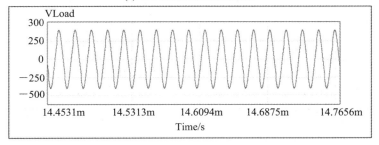

(b) 稳定时的输出仿真波形

图 1-73 电子镇流器输出仿真波形图

通过观察稳定时的仿真输出波形可以发现，所设计系统能够完成对电子镇流器的仿真模拟。

2.4　电子镇流器的组装与调试

电子镇流器的组装与调试需要学生在掌握电路原理图的基础上，对电子镇流器进行实际组装与焊接，并进行调试，以锻炼学生的实践操作能力。

1. 实践目标

(1) 能读懂日光灯电子镇流器的电路图。

(2) 能对照电路原理图看懂接线电路图。

(3) 认识电路图上所有元器件的符号，并能与实物相对照。

(4) 会测试元器件的主要参数。

(5) 熟练进行元器件的装配和焊接。

(6) 能按照技术要求进行电路调试。

2. 实践器材

40 W 日光灯电子镇流器电路所需的元器件清单如表 1-13 所示。

表 1-13　日光灯电子镇流器电路所需的元器件清单

元器件名称	在电路图中的代号	参考型号	主 要 参 数
二极管	$VD_1 \sim VD_8$	1N4007	1A/700 V
	VD_9	DB3	击穿电压 26~30 V
	$VD_{10} \sim VD_{15}$	1N4007	1 A/700 V
大功率晶体管	$VT_{16} \sim VT_{17}$	BUT11A	$P_{CM} \geqslant 70$、$U_{CEO} \geqslant 400$ V，两管对称
压敏电阻	R_v	10K471	阈值电压 470 V
热敏电阻	R_T	MZ 开关型	常温 150~350 Ω，居里点为 80~120℃
电阻器	R_1、R_{10}	—	1/4 W 电阻
电容器	$C_1 \sim C_9$	—	电容器和电解电容器(注意电容器的耐压)
振荡线圈	B	—	N_1、N_2、N_3 均为 3 匝
镇流线圈	L	—	320 匝

3. 实践步骤

1) 装配日光灯电子镇流器

装配前对照元器件清单核对元器件是否齐全，对电阻、电容、二极管、晶体管、线圈等元件要用万用表逐一检测其好坏。晶体管 VT_1、VT_2 用螺钉固定在足够面积的散热器上，在固定的同时要用导热绝缘的垫片垫在晶体管和散热器之间，并且保证与散热片绝缘良好。

2) 调试日光灯电子镇流器

(1) 电路板上的全部元器件焊装完毕后，对照电路图及印制电路板图仔细检查有无漏焊及错焊现象，特别是二极管、晶体管、线圈、电容器的引脚有无接错，以及电容器的耐压值有无选错，对有问题的部分进行修正。

（2）在电子镇流器的输出端接好 40 W 日光灯管，输入端接 500 mA 的交流电流表，并给电子镇流器接入 220 V 的交流电源，打开电源开关，观察电流表指示值变化。在电路正常情况下，刚接通电源的瞬间电流表指示值为 380 mA 左右，约 1 s 的预热后，两只日光灯管先后起辉点亮。此时电流表指示值应在 340 mA 左右，如果电流太高，可同时增大镇流器线圈的电感量。增大电感量的方法是把副线圈的头接到主线圈的尾，而将副线圈的尾接到电路中，这样等于增加了整个线圈的匝数，从而加大了电感量。如果整机电流太小，可同时减小镇流器线圈的电感量。

（3）调整镇流器线圈的电感量后测试日光灯管、镇流器线圈的交流电压降。

（4）整机电流调试完毕后调试中点平衡电压，使 VT_1、VT_2 的 C 极和 E 极直流电压相等。其方法是调换 VT_1、VT_2 的位置及微调电阻 R_3 的阻值。应该注意的是，整机电流与平衡电压应互相钳制，要反复调整，以达到最佳值为好。

（5）试用。将调好的电路板装入合适的机壳中，穿出引线，接好电源和灯管，接通电源并观察有无不正常的现象以及外壳是否太热等。

如图 1-74 所示为制作好的电子镇流器线路板。

图 1-74　电子镇流器线路板

项目2　电力电子技术在太阳能光伏发电系统中的应用

时代背景

"中国将提高国家自主贡献力度，采取更加有力的政策和措施，二氧化碳排放力争于2030年前达到峰值，努力争取2060年前实现碳中和。"2020年9月22日，习近平总书记在第七十五届联合国大会一般性辩论上的重要讲话中郑重阐明中国立场，并做出庄严承诺。

党的二十大报告提出，积极稳妥推进碳达峰、碳中和，立足我国能源资源禀赋，坚持先立后破，有计划分步骤实施碳达峰行动，深入推进能源革命，加快规划建设新型能源体系。近年来，随着"双碳"战略逐步实施推进、光伏产业链核心技术不断革新，作为新型能源"生力军"的光伏产业迎来高速发展。

项目简介

只要有太阳照射就可以光伏发电。但光伏组件为直流源，且其输出电压及电流随太阳辐射、温度及负载变化而变化，不能直接工程应用，必须通过光伏发电系统进行转换和调控。

光伏发电系统主要由光伏组件、电力电子变换器、负载或电网等组成，如图2-1所示。根据系统要求，光伏发电系统还有可能需要汇流箱和电压表、电流表等各种测量设备，以及储能、监控、配电箱等设备。

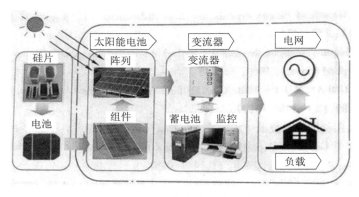

图 2-1　光伏发电系统组成

光伏发电系统可按供电方式、太阳能采集方式以及建筑应用方式等进行分类，如图2-2所示。按供电方式可分为离网型和并网型；按太阳能采集方式可分为固定型、单轴跟踪型、双轴跟踪型；按建筑应用方式可分为无建筑型、建筑结合型（PVIB）及光伏建筑一体化系统型（BIPV）等，如图 2-3 所示。

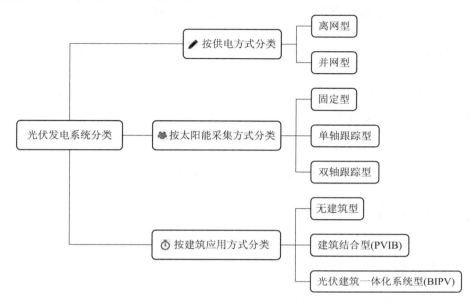

图 2-2　光伏发电系统的分类

(a) BAPV　　　　　　　　　　　　　　(b) BIPV

图 2-3　建筑光伏应用实例

　　新能源领域中光伏发电系统不断地在创新和发展，本项目将参考不同应用场景和需求，重点讲解电力电子技术在太阳能 LED 路灯、家用离网逆变器和光伏电站并网逆变器应用中的相关知识。

任务 3　太阳能 LED 路灯的设计、仿真与实践

LED(Light Emitting Diode)照明是在半导体器件发光原理的基础上发展起来的一种新型照明技术。近年来,随着人们对半导体发光材料研究的不断深入,以及 LED 制造工艺的不断进步和新材料(氮化物晶体和荧光粉)的开发和应用,各种颜色的超高亮度 LED 取得了突破性进展。超高亮度白光 LED 的出现,使 LED 应用领域跨越至高效率照明光源市场。有人指出,超高亮度 LED 将是人类继发明白炽灯泡后最伟大的发明之一。

3.1　直流/直流变换电路

直流/直流变换(DC/DC Converter)电路是将一种直流电变换为另一电压固定或电压可变的直流电的电路。

3.1.1　基本原理

最基本的直流/直流变换电路由直流电源 E、理想开关 S 和负载电阻 R_L 组成,如图 2-4(a)所示。t_{on} 期间,开关 S 闭合,负载 R_L 两端电压 $u_o = E$,电流 I_o 流过负载 R_L;t_{off} 期间,开关 S 断开,电路中电流 $I_o = 0$,电压 $u_o = 0$。其工作波形如图 2-4(b)所示。

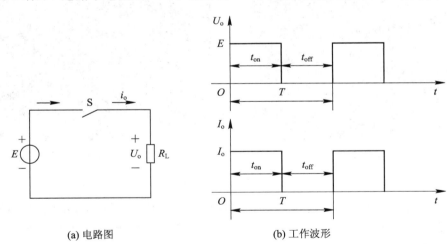

|(a) 电路图|(b) 工作波形|

图 2-4　基本直流/直流变换电路及工作波形

开关 S 导通时间 t_{on} 与工作周期 T 的比值定义为占空比,以 k 表示,即

$$k = \frac{t_{on}}{t_{on} + t_{off}} = \frac{t_{on}}{T} \qquad (2-1)$$

由于 $t_{on} \leqslant T$,故 k 为 $0 \sim 1$ 范围变化的系数。

由图 2-4(b)工作波形图可以得到输出电压平均值为

$$U_o = \frac{1}{T}\int_0^{t_{on}} E \mathrm{d}t = \frac{t_{on}}{T}E = kE \qquad (2-2)$$

改变 k 的值就可以改变 U_o 的大小，而 k 的改变可以通过改变 t_{on} 或 T 来实现。根据改变参数的不同，直流/直流变换电路的控制方式分为以下 3 种。

（1）脉冲宽度调制（Pulse Width Modulation，PWM）方式，简称脉宽调制，即保持开关周期 T 不变，改变导通时间 t_{on}，又称定频调宽控制。

（2）脉冲频率调制（Pulse Frequency Modulation，PFM）方式，即保持导通时间 t_{on} 不变，改变开关周期 T，又称定宽调频控制。

（3）混合型方式，即导通时间 t_{on} 和开关周期 T 都改变，又称调频调宽控制。

由于在脉冲宽度调制方式中，输出电压波形的周期 T 是不变的，因此输出谐波的频率也不变，这使得滤波器的设计变得较为容易，因此脉冲宽度调制在电力电子技术中应用广泛。

3.1.2　降压变换电路

降压变换电路是一种输出电压平均值低于输入直流电压的变换电路，也称 Buck 电路。

1. 电路组成与工作原理

降压变换电路由直流电源 E、开关管 VT（相当于开关，图中以 S 代替）、二极管 VD、电感 L、电容 C、负载电阻 R_L 等组成，如图 2-5 所示。开关管 VT 可以是全控型器件 GTR、电力 MOSFET、IGBT 中的任一种，这里以 GTR 为例进行介绍，由 PWM 信号驱动。由于要求二极管 VD 的开关速度应和 VT 同等级，因此电路中常用快恢复二极管。

为了简化分析，做如下假设：直流电源 E 是恒压源，其内阻为零；VT、VD 是无损耗的理想开关，L、C 中的损耗可忽略不计；L 足够大，流过电感 L 的电流为 i_L 且保证电流连续；C 足够大且已经被充电；负载电压和电流分别为 U_o、I_o，且保证 U_o 恒定。后面进行其他电路分析时假设类同。

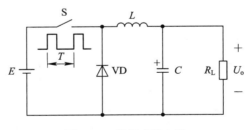

图 2-5　降压变换电路

降压变换电路工作波形如图 2-6 所示。下面分析电路工作原理。

$t_0 \sim t_1(t_{on})$ 期间：t_0 时刻，开关管 VT 导通（S 闭合），电源 E 向负载供电，二极管 VD_1 承受反向电压截止，如图 2-7(a) 所示。图中虚线表示相关回路断开，后面电路相同不再赘述。电感 L 中有电流流过，产生感应电动势 u_L，左正右负，电感储能；负载电流 i_o 按指数曲线上升，电压 $u_o = E$；电容 C 充电。

$t_1 \sim t_2(t_{off})$ 期间：t_1 时刻，开关管 VT 关断（S 断开），电感 L 阻碍电流的变化，感应电势 u_L 左负右正，二极管 VD 导通，如图 2-7(b) 所示。负载电流 i_o 经二极管 VD 续流，并按指数曲线下降，电压 $u_o = 0$。

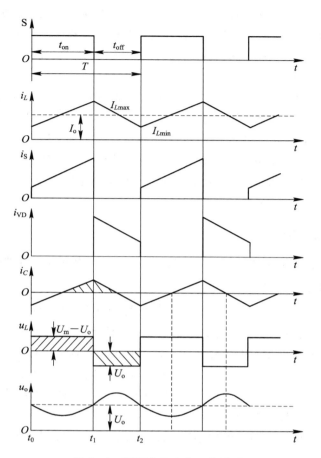

图 2-6   降压变换电路工作波形

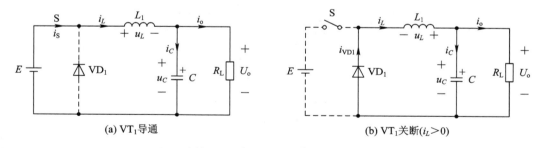

图 2-7   降压变换电路工作过程

2. 数量关系

降压变换电路有两种基本工作方式，即负载电流处于连续工作方式和负载电流处于断续工作方式。当负载电流处于连续工作方式时，电路输出电压值为

$$U_{o} = \frac{t_{on}}{t_{on} + t_{off}}E = \frac{t_{on}}{T}E = k \cdot E \qquad (2-3)$$

已知 k 为 $0 \sim 1$ 范围变化的系数。当 k 为 0 时，输出电压 $U_{o} = 0$；当 k 为 1 时，输出电压 $U_{o} = E$。因恒定的直流电压被"斩"成断续的方波电压输出，且 $U_{o} \leqslant E$，故该电路又称为

降压斩波电路。

若忽略电路变换损耗，输入、输出功率相等，则有 $EI = U_o I_o$。式中，I 为输入电流 i 平均值，I_o 为输出电流 i_o 的平均值。由此可得变换电路的输入、输出电流关系为

$$\frac{I_o}{I} = \frac{E}{U_o} = \frac{1}{k} \tag{2-4}$$

可见，降压变换电路的电压和电流的关系与变压器的相同。负载电流连续时，降压变换电路相当于一个降压"直流"变压器。

降压斩波电路常用于拖动直流电动机或带蓄电池负载。当负载支路中加载反电动势 E_m，根据欧姆定律，输出电流平均值为

$$I_o = \frac{U_o - E_m}{R} \tag{2-5}$$

■ **例题解析**

例 2-1　在降压斩波电路中，已知电源电压 $E = 100 \text{ V}$，$R_L = 10 \text{ }\Omega$，电感 L 值极大，反电势 $E_m = 20 \text{ V}$，$T = 50 \text{ }\mu\text{s}$，$t_{on} = 30 \text{ }\mu\text{s}$，计算占空比、输出电压平均值 U_o、输出电流平均值 I_o。

降压斩波电路
实验

解　占空比为

$$k = \frac{t_{on}}{T} = \frac{30}{50} = 0.6$$

由于 L 值极大，负载电流连续，故输出电压平均值为

$$U_o = \frac{t_{on}}{T} E = kE = 0.6 \times 100 = 60 \text{ V}$$

输出电流平均值为

$$I_o = \frac{U_o - E_m}{R_L} = \frac{60 - 20}{10} = 4 \text{ A}$$

3.1.3　升压变换电路

升压变换电路是一种输出电压平均值高于输入直流电压的变换电路，也称 Boost 电路。

1. 电路组成与工作原理

升压变换电路也是由直流电源 E、开关管 VT（相当于开关，图中以 S 代替）、二极管 VD、电感 L、电容 C、负载电阻 R_L 等组成，电路如图 2-8 所示。升压斩波电路与降压斩波电路的不同点是，开关管 VT 与负载 R_L 呈并联形式连接，电感 L 与负载 R_L 呈串联形式连接。工作波形如图 2-9 所示，下面分析升压变换电路工作原理。

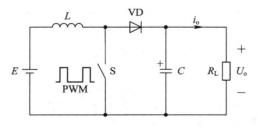

升压斩波电路实验

图 2-8　升压变换电路

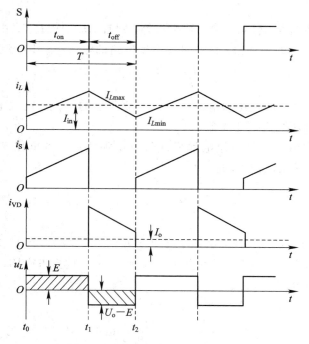

图 2-9　升压变换电路工作波形

$t_0 \sim t_1$ 期间：t_0 时刻，开关管 VT 导通(S 闭合)，电感 L 储能，产生感应电势 u_L，左正右负，如图 2-10(a)所示；电感 L 电流 i_L 按指数曲线上升，VD 承受反压截止，相当于输入端与输出端隔离；电容 C 向负载 R_L 放电。设 VT 的导通时间为 t_{on}，则此阶段电感 L 上的储能可以表示为 EI_Lt_{on}。

$t_1 \sim t_2$ 期间：t_1 时刻，开关管 VT 关断(S 断开)，电感 L 感应电势 u_L 左负右正，与电源 E 叠加使二极管 VD 正偏导通，如图 2-10(b)所示；电源 E 和电感 L 共同给负载 R_L 提供能量，同时向电容 C 充电。设 VT 的关断时间为 t_{off}，电感释放电流与充电电流基本相同，则此段时间内电感 L 释放的能量可以表示为 $(U_o - E)I_Lt_{off}$。

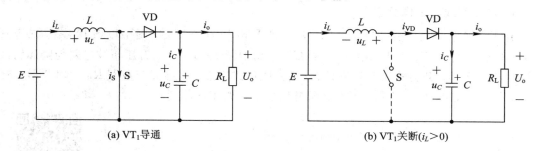

(a) VT$_1$导通　　　　　　　　　　　　　　(b) VT$_1$关断($i_L > 0$)

图 2-10　升压变换电路工作过程

2. 数量关系

下面从能量守恒的角度分析输出电压的大小。当电路处于稳定工作状态时，一个周期 T 内电感储存的能量和释放的能量相等，即

$$EI_Lt_{on} = (U_o - E)I_Lt_{off} \tag{2-6}$$

整理公式得输出电压平均值

$$U_{\circ} = \frac{t_{\text{on}} + t_{\text{off}}}{t_{\text{off}}} E = \frac{T}{t_{\text{off}}} E = \frac{1}{1-k} E \tag{2-7}$$

因 $T \geqslant t_{\text{off}}$，$U_{\circ} \geqslant E$，故该电路称为升压斩波电路。$T / t_{\text{off}}$ 又称升压比，调节升压比的大小，可以改变输出电压 $U_{\circ}$ 的大小。

电路输出电流平均值为

$$I_{\circ} = \frac{U_{\circ}}{R} \tag{2-8}$$

■例题解析

例 2 - 2　在升压斩波电路中，已知电源电压 $E = 100 \text{ V}$，$R_{\text{L}} = 10 \text{ }\Omega$，电感 L 值和电容 C 值极大，$T = 50 \text{ }\mu\text{s}$，$t_{\text{on}} = 30 \text{ }\mu\text{s}$，计算占空比 k、输出电压平均值 $U_{\circ}$、输出电流平均值 $I_{\circ}$。

解　占空比为

$$k = \frac{t_{\text{on}}}{T} = \frac{30}{50} = \frac{3}{5} = 0.6$$

输出电压平均值为

$$U_{\circ} = \frac{T}{t_{\text{off}}} E = \frac{1}{1-k} E = \frac{1}{1 - \dfrac{3}{5}} \times 100 = 250 \text{ V}$$

输出电流平均值为

$$I_{\circ} = \frac{U_{\circ}}{R_{\text{L}}} = \frac{250}{10} = 25 \text{ A}$$

3.1.4　升降压变换电路

升降压变换电路是由降压和升压两种基本变换电路混合串联而成的，具有 Buck 电路降压和 Boost 电路升压的双重作用；由于输出电压的极性与输入电压是相反的，因此又称为升降压反极性变换电路，简称 Buck - Boost 电路。

1. 电路组成与工作原理

升降压变换电路也是由直流电源 E、开关管 VT（相当于开关，图中以 S 代替）、二极管 VD、电感 L、电容 C、负载电阻 R_{L} 等组成，如图 2 - 11 所示。该电路的结构特征是电感 L 与负载 R_{L} 并联，二极管 VD 反向串联接在电感 L 与负载 R_{L} 之间。工作波形如图 2 - 12 所示，下面分析电路工作原理。

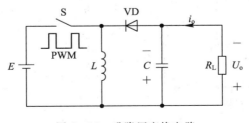

图 2 - 11　升降压变换电路

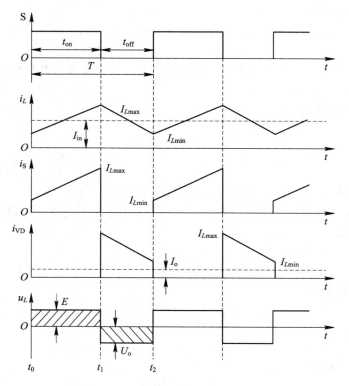

图 2-12　升降压变换电路工作波形

$t_0 \sim t_1$ 期间：t_0 时刻，开关管 VT 导通(S 闭合)，电源 E 经 VT 向电感 L 供电使其储能，电感感应电势 u_L，上正下负，流过 VT 的电流为 $i_L(i_{VT})$；二极管 VD 反偏截止；电容 C 向负载 R_L 提供能量并维持输出电压基本稳定，负载 R_L 及电容 C 上的电压极性为上负下正，与电源极性相反。电路工作过程如图 2-13(a)所示。设 VT 的导通时间为 t_{on}，则此阶段电感 L 上的储能可以表示为 $EI_L t_{on}$。

$t_1 \sim t_2$ 期间：t_1 时刻，开关管 VT 关断(S 断开)，电感 L 释放能量，电感感应电势 u_L 上负下正；VD 正偏导通，流过 VD 的电流为 i_L；电感 L 中储存的能量通过 VD 向负载 R_L 释放，同时给电容 C 充电。电路工作过程如图 2-13(b)所示。负载电压极性为上负下正，与电源电压极性相反。设 VT 的关断时间为 t_{off}，则电感 L 释放的能量为 $U_o I_L t_{off}$。

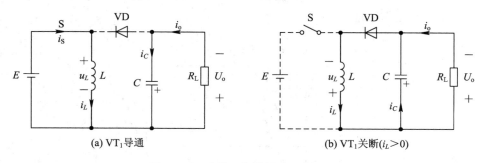

图 2-13　升降压变换电路工作过程

2. 数量关系

下面仍从能量守恒的角度分析输出电压的大小。当电路处于稳定工作状态时，一个周期 T 内电感储存的能量和释放的能量相等，则有

$$EI_L t_{on} = U_o I_L t_{off} \tag{2-9}$$

整理式(2-9)可得输出电压平均值为

$$U_o = \frac{t_{on}}{t_{off}}E = \frac{t_{on}}{T - t_{on}}E = \frac{k}{1-k}E \tag{2-10}$$

当 $0 < k < \frac{1}{2}$ 时，$U_o < E$，此时为降压斩波电路。当 $k = \frac{1}{2}$ 时，$U_o = E$，但极性相反，此时电路也称作反极性电路。当 $\frac{1}{2} < k < 1$ 时，$U_o > E$，此时为升压斩波电路。

根据输入功率 P_i 等于输出功率 P_o，则有

$$EI_i = U_o I_o \tag{2-11}$$

得

$$\frac{I_o}{I_i} = \frac{E}{U_o} = \frac{1-k}{k} \tag{2-12}$$

由以上分析可知，升降压斩波电路也可以看作是一个"直流"变压器。

■例题解析

例 2-3　升降压斩波电路由电池供电，电池电压 $E = 100$ V，工作在连续电流模式，负载电阻 $R_L = 70\ \Omega$。计算占空比 k 为 0.25、0.5 和 0.75 时的负载电压 U_o、电流 I_o 以及输入电流 I_i。

解　由式

$$U_o = \frac{k}{1-k}E$$

得

$$I_o = \frac{U_o}{R_L} = \frac{k}{1-k} \times \frac{E}{R_L}$$

因此，当 $k = 0.25$ 时，有

$$I_o = \frac{0.25}{0.75} \times \frac{100}{70} \approx 0.476\ \text{A}$$

$$U_o = I_o R_L = 33.32\ \text{V}$$

当 $k = 0.5$ 时，有

$$I_o = \frac{0.5}{0.5} \times \frac{100}{70} \approx 1.43\ \text{A}$$

$$U_o = I_o R_L = 100.1\ \text{V}$$

当 $k = 0.75$ 时，有

$$I_o = \frac{0.75}{0.25} \times \frac{100}{70} \approx 4.286\ \text{A}$$

$$U_o = I_o R = 300.02\ \text{V}$$

以上输出电压的极性与电源的极性相反。

由于

$$I_i = \frac{k}{k-1} I_o = \frac{k}{k-1} \times \frac{k}{1-k} \times \frac{E}{R} = \left(\frac{k}{k-1}\right)^2 \frac{E}{R}$$

因此，当 $k = 0.25$ 时，有

$$I_i = \left(\frac{0.25}{-0.75}\right)^2 \times \frac{100}{70} \approx 0.16\text{ A}$$

当 $k = 0.5$ 时，有

$$I_i = \left(\frac{0.5}{-0.5}\right)^2 \times \frac{100}{70} \approx 1.43\text{ A}$$

当 $k = 0.75$ 时，有

$$I_i = \left(\frac{0.75}{-0.25}\right)^2 \times \frac{100}{70} = \frac{9 \times 100}{70} \approx 12.86\text{ A}$$

3.1.5 Cuk 电路

针对升降压变换电路存在输入电流、输出电流脉动大的缺点，由美国学者 Slobodan Cuk 研究提出了一种非隔离式单管 DC/DC 升降压反极性变换电路，简称 Cuk 电路，其输入输出电流均连续而且纹波小。

1. 电路组成和工作原理

Cuk 电路由开关管 VT（相当于开关，图中以 S 代替）、储能电容器 C_1、输入储能电感 L_1、输出储能电感 L_2、续流二极管 VD 及输出滤波电容器 C_2 等元器件组成，如图 2-14 所示。开关管 VT 由 PWM 驱动电路控制，二极管 VD 将输入回路和输出回路分开，左半部分是输入回路，右半部分是输出回路。C_1 起储能和由输入向输出传送能量的双重作用。

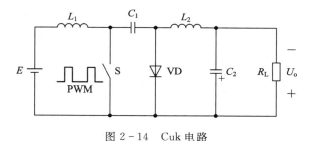

图 2-14 Cuk 电路

假设电路中电容 C_1、C_2 取值较大，在一个开关周期中电容电压 U_{C1}、U_{C2}（即负载电压 U_o）基本稳定。工作波形如图 2-15 所示，下面分析工作原理。

$t_0 \sim t_1$ 期间：t_0 时刻，开关管 VT 导通（S 闭合），电感 L_1 储能，电感电流 i_{L1} 增加；二极管 VD 反向偏置，电容 C_1 经开关管 VT 放电，传送能量至电感 L_2 和负载 R_L 上，负载获得反极性电压；随着放电过程的进行，电感电流 i_{L2} 增加，电感电流 i_{L1} 和 i_{L2} 均流过开关管 VT。此时电路工作过程如图 2-16(a) 所示。

$t_1 \sim t_2$ 期间：t_1 时刻，开关管 VT 关断（S 断开），电源 E 和电感 L_1 的储能经二极管 VD 给 C_1 充电，C_1 储能；随着充电过程的进行，i_{L1} 逐渐减小，电感 L_2 经二极管 VD 放电，传送能量至输出端负载 R_L 上，负载获得反极性电压；随着放电过程的进行，电感电流 i_{L2} 减小。此时电路工作过程如图 2-16(b) 所示。

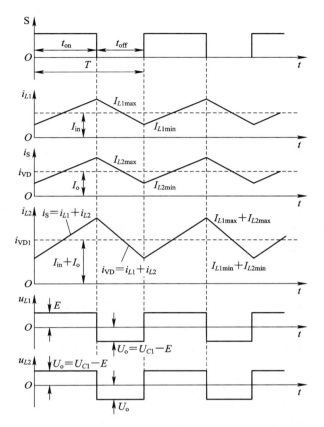

图 2-15　Cuk 电路工作波形

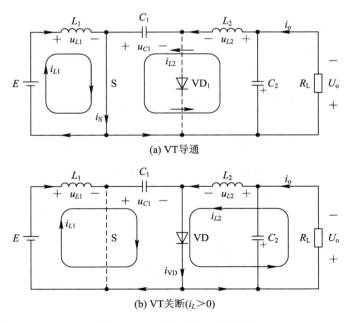

图 2-16　Cuk 电路工作过程

2. 数量关系

Cuk 电路输出电压平均值为

$$U_{\text{o}} = \frac{k}{1-k}E \tag{2-13}$$

Cuk 电路输出电流平均值为

$$I_{\text{o}} = \frac{1-k}{k}I_{\text{i}} \tag{2-14}$$

Cuk 电路的输入输出关系式与升降压斩波电路的完全相同,但本质上却有区别。Cuk 电路是借助电容来传输能量的,而升降压斩波电路是借助电感来传输能量的。升降压斩波电路是在开关管 VT 关断期间储能电感给滤波电容补充能量,输出电流脉动很大。而在 Cuk 电路中,当开关管 VT 导通时,两个电感的电流都要通过它,因此通过开关管 VT 的峰值电流比较大,又因为传输能量是通过电容 C_1 的,所以电容 C_1 中的脉动电流也比较大,只要电容 C_1 足够大,输入、输出电流都是连续平滑的,则可有效地降低纹波,即降低了对滤波电路的要求。

3.2 太阳电池和 MPPT 控制

太阳能是一种辐射能,它必须借助于能量转换器件才能变换为电能,这种把辐射能变换成电能的能量转换器件,就是太阳电池。

太阳时时刻刻都在变化,这导致太阳电池输出电压也会时刻发生变化。如何能在不同的环境参数条件下输出尽可能多的电能,提高太阳能光伏发电系统的效率,这就在理论与实践中提出了太阳电池最大功率点跟踪(Maximum Power Point Tracking,MPPT)问题。

3.2.1 太阳电池

1954 年,美国贝尔实验室的 Chapin、Fuller 和 Pearson 发明了第一块晶体硅太阳电池,宣告了划时代成果的问世。

1. 结构与工作原理

太阳电池的工作原理是基于 P-N 结的光伏效应,即在光照条件下,P-N 结两端出现光生电动势的现象,如图 2-17 所示。

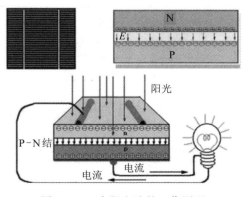

图 2-17 太阳电池的工作原理

当 P-N 结处于开路状态时，P-N 结的两端产生较大的光电压，该电压被称为开路电压，常用 U_{oc} 表示。开路电压是非平衡载流子的漂移运动和平衡载流子的扩散运动达到动态平衡的结果，开路电压与辐照强度近似为对数关系。

太阳电池的等效电路可用 P-N 结二极管 VD、恒流源 I_{ph}、太阳电池的电极等引起的串联电阻 R_s 和相当于 P-N 结泄漏电流的并联电阻 R_{sh} 组成的电路来表示，如图 2-18 所示。其中，I_{ph} 为光生电流，其值正比于太阳电池的面积和入射光的辐照度。I_{VD} 为暗电流，即太阳电池在无光照、有外电压作用下，类似于一个普通二极管 P-N 结流过的单相电流。R_L 为电池的外负载电阻；R_s 为串联电阻，一般小于 1；R_{sh} 为旁路电阻，一般为几千欧姆。R_s 和 R_{sh} 均为硅型太阳电池本身固有的电阻，相当于太阳电池的内阻。一个理想的太阳电池，因串联的 R_s 很小，并联的 R_{sh} 很大，所以进行理想电路计算时，它们都可以忽略不计。

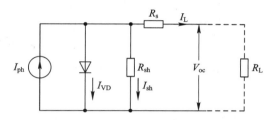

图 2-18　太阳电池等效电路

太阳电池单体是光电转换的最小单元尺寸，一般为 4～100 cm²。太阳电池单体的工作电压约为 0.5 V，每平方厘米的工作电流为 20～25 mA，通常不能单独作为电源使用。将太阳电池单体进行串并联封装后就组成了太阳能光伏组件，其功率一般为几瓦至几十瓦，是可以单独作为电源使用的最小单元；如图 2-19 所示。

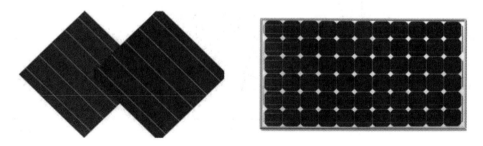

图 2-19　太阳能光伏组件

2. 太阳电池的特性

太阳电池的特性一般包括太阳电池的输入输出特性、分光特性、照度特性以及温度特性。

1）输入输出特性

太阳电池将太阳的光能转换成电能的能力称为太阳电池的输入输出特性。当光照射在太阳电池上时，太阳电池的电压与电流的关系（用 U 表示电压、用 I 表示电流）称为 I-U 曲线或伏安特性，如图 2-20 所示。伏安特性曲线中最佳工作点对应太阳电池的最大功率

(Maximum Power)P_{max},其最大值由最佳工作电压U_m与最佳工作电流I_m的乘积得到。实际上,太阳电池的工作受负载条件、日照条件的影响,工作点会偏离最佳工作点。图 2-20 中实线代表太阳电池被光照射时的伏安特性,虚线代表太阳电池未被光照射时的伏安特性,U_{oc} 为开路电压,I_{sc} 为短路电流。

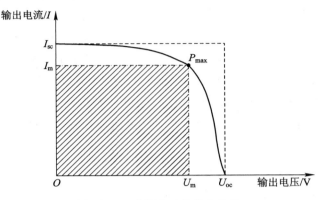

图 2-20 太阳电池的伏安特性

2) 分光特性

对于太阳电池来说,不同的光照所产生的电量是不同的。一般用分光感度(Spectral Sensitivity)特性(简称分光特性)来表示光的颜色(波长)与所转换电能的关系,如图 2-21 所示。如红色光所产生的电能与蓝色光所产生的电能是不一样的。

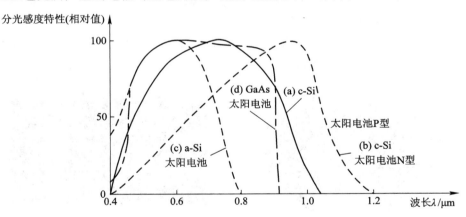

图 2-21 各种太阳电池的分光感度特性

3) 照度特性

太阳电池的功率随照度(光的强度)的变化而变化,称为照度特性。当光为荧光灯照度时,单晶硅太阳电池以及非晶硅太阳电池的伏安特性如图 2-22 所示。由图可知:短路电流 I_{sc} 与照度呈正比;开路电压 U_{oc} 随照度的增加而缓慢地增加;最大功率 P_{max} 几乎与照度成比例增加。

4) 温度特性

太阳电池的功率随温度变化而变化称为温度特性,如图 2-23 所示。温度上升时,太阳电池的短路电流 I_{sc} 增加,开路电压 U_{oc} 减少,转化效率变小。因此,需要用通风的方式来降低太阳电池的温度以提高太阳电池的转换效率。太阳电池的温度特性一般使用温度系数表示。温度系数越小说明即使温度越高，功率的变化也越小。

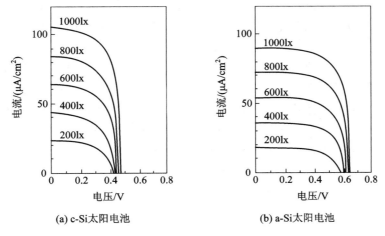

(a) c-Si太阳电池   (b) a-Si太阳电池

图 2 - 22   白色荧光灯的不同照度时太阳电池的伏安特性

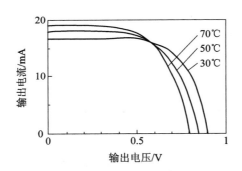

图 2 - 23   太阳电池的温度特性

3. 太阳电池的分类

太阳电池根据材质分类如表 2 - 1 所示。

表 2 - 1   太阳电池常见分类

名称	光电转换效率	特　　点
单晶硅 太阳电池	15%～24%	光电转换效率高、制作成本大，使用寿命一般可达 15 年，最高可达 25 年
多晶硅 太阳电池	约 12%	制作工艺与单晶硅相似，生产成本较低，使用寿命比单晶硅太阳电池短
非晶硅 太阳电池	10%	制作工艺简单，硅材料消耗少，电耗低，在弱光条件下也能发电
多元化合物 太阳电池	—	—

3.2.2 MPPT 控制

最大功率点跟踪(Maximum Power Point Tracking，MPPT)技术是光伏发电的通用综合性技术，以求高效应用太阳能，涉及光伏阵列建模、优化技术、电力电子变换技术及现代控制技术等。

太阳电池的伏安特性曲线具有非线性的特性。在太阳电池输出端接上不同的负载，其输出电流不同，输出的功率也会发生变化。将太阳电池伏安特性曲线上每一点的电流与电压相乘，可以得到太阳电池功率-电压特性曲线，如图 2-24 所示。从功率-电压特性曲线可以看出，在某一个电压下，太阳电池有一最大输出功率。当环境参数如太阳辐照度、环境温度等发生变化时，太阳电池的伏安特性曲线会发生变化，功率-电压特性也会发生变化，输出的最大功率也会不同。

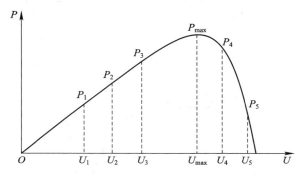

图 2-24　太阳电池功率-电压特性曲线

1. 电源输出功率与输出效率

设电动势为 E、内电阻为 r 的电源，给负载电阻为 R_L 的外电路供电，如图 2-25 所示。外电路的电阻 R_L 为何值时电源的输出功率最大？电源的效率最高？

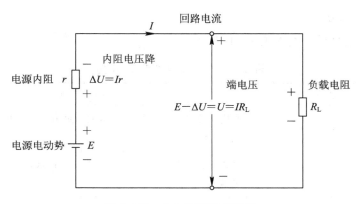

图 2-25　全电路图欧姆定律

根据全电路欧姆定律，设回路电流为 I，电阻 R_L 上得到的电压降称为端电压 U，则

$$U = E - Ir \tag{2-15}$$

电源的输出功率为

$$P = IU = I(E - Ir) = \frac{E}{R_L + r}\left(E - \frac{E}{R_L + r}r\right)$$

$$= \frac{E^2}{R_L + r} - \frac{E^2 r}{(R_L + r)^2}$$

$$= \frac{E^2 R_L}{(R_L + r)^2} = \frac{E^2 R}{(R_L - r)^2 - 4R_L r}$$

$$= \frac{E^2}{\dfrac{(R_L - r)^2}{R_L} + 4r} \tag{2-16}$$

电源输出的总功率为

$$P_{总} = EI = E\frac{E}{R_L + r} = \frac{E^2}{R_L + r} \tag{2-17}$$

电源的效率为

$$\eta = \frac{P}{P_{总}} \tag{2-18}$$

对于一个确定的电源，电动势 E 及内电阻 r 是一定的。

当 $R_L = r$ 时，电源的输出功率为

$$P = \frac{E^2}{4r} \tag{2-19}$$

此时，电源的输出功率最大。

电源的输出总功率为

$$P_{总} = \frac{E^2}{R_L + r} = \frac{E^2}{2r} \tag{2-20}$$

电源的效率为

$$\eta = \frac{P}{P_{总}} = \frac{\dfrac{E^2}{4r}}{\dfrac{E^2}{2r}} = 50\% \tag{2-21}$$

由以上分析可知：电源输出功率最大的时候就是电源效率最高的时候；当 E、r 确定以后，影响电源效率 η 的主要因素就是外电路的负载电阻 R_L。

因为

$$\eta = \frac{P}{P_{总}} = \frac{UI}{EI} = \frac{U}{E} = \frac{E - 2r}{E} = 1 - I\frac{r}{E}$$

$$= 1 - \frac{E}{R + r} \times \frac{r}{E}$$

$$= 1 - \frac{r}{R_L + r} = \frac{R_L}{R_L + r} \tag{2-22}$$

所以当 $R_L \gg r$ 时，则有

$$\frac{R_L}{R_L + r} \approx 1 \tag{2-23}$$

$$\eta \approx 100\% \tag{2-24}$$

这就说明，负载电阻 R_L 与内电阻 r 的比值越大，电源的效率就越高。

当 R_L 很大时，电流 I 很小，电源实际产生的总功率 $I^2 R_L$ 也很小。但这时消耗在内电阻

r上的电功率I^2r与消耗在负载电阻R_L上的电功率I^2R_L相比是可以忽略不计的,即总功率EI几乎全部作为输出功率供给外电路,因此效率最高。但要注意,这时电源的输出功率却不是最大的。

2. MPPT 控制

最大功率点跟踪(MPPT)是指实时测试太阳电池的发电电压,并追踪最高电压值,使太阳电池系统以最高的效率对蓄电池充电。具体原理是首先将测试的太阳电池的电压U和电流I相乘得到功率P,然后判断此时的输出功率是否达到最大,若太阳电池不在最大功率点运行,则调整其输出占空比k,改变充电电流,再次进行实时测试,并做出是否改变k的判断。MPPT 实质上是一个动态自寻优过程,即先将当前光伏阵列输出的功率与已被存储的前一时刻功率相比较,舍小取大,再检测,再比较,如此周而复始。通过这样的寻优过程可保证太阳电池始终运行在最大功率点,以充分利用太阳电池阵列的输出能量。

MPPT 控制系统的 DC/DC 变换主电路采用 Boost 升压电路。DC/DC 变换主电路如图2-26所示,由开关管 VT、二极管 VD、电感 L、电容 C 等组成。工作原理为:在开关管 VT 导通时,二极管 VD 反偏,太阳电池向电感 L 存储电能;当开关管 VT 断开时,二极管导通,由电感 L 和太阳电池共同向负载充电,同时还给电容 C 充电,电感两端的电压与输入电源的电压叠加,使输出端产生高于输入端的电压。Boost 电路输入输出的电压关系为

$$U_o = \frac{U_i}{1-k} \tag{2-25}$$

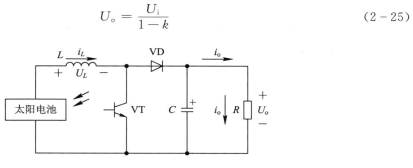

图 2-26   MPPT 控制系统的 DC/DC 变换主电路

当 Boost 变换器工作在电流连续条件下时,从 Boost 电路输入输出的电压关系可以得到其变压比仅与占空比 k 有关,而与负载无关,所以只要有合适的开路电压,通过改变 Boost 变换器的占空比 k 就能找到与太阳电池最大功率点相对应的U_i。

3.3 LED 及其驱动电路

1. LED

LED 是一种固体光源,在电气特性上与普通二极管基本相似。其发光原理是在 P-N 结处有发光层,当有电流流入时,电子和空穴结合释放出光辐射。LED 的伏安特性曲线类似指数形式,如图 2-27 所示。从图中可以看出,当正向电压超过阈值后,其微小波动就会引起正向电流的急剧波动。LED 的光特性曲线被描述为电流的函数,如图 2-28 所示。从图中可以看出,正向电流越大,LED 的光通量越大,但不完全呈正比。另外,应注意的是,正向电流过弱会影响 LED 的发光强度,电流过强则会影响 LED 的可靠性和使用寿命。

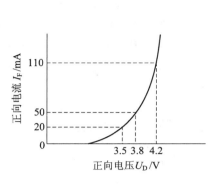

图 2-27　LED 的伏安特性曲线

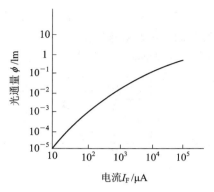

图 2-28　LED 的光特性曲线

2. 驱动电路

LED 驱动电路应具有恒流控制和限制电压的功能，其输出参数(电流、电压等)与被驱动的 LED 的技术参数应相适应。当出现短路、断路等故障时，驱动电路对 LED 起保护作用。同时，驱动电路工作时不会干扰其他元件的正常工作。LED 驱动电路有以下 3 种驱动方式。

(1)电阻限流驱动。如图 2-29 所示，电阻限流驱动是最简单的一种驱动方式，通过限流电阻就可以控制 LED 的光强。但限流电阻需要消耗大量的能量，导致发光效率很低，加之调节精度有限，很小的电压变化就会导致 LED 亮度的变化，因此这种驱动方式只适用于低成本、对发光效率要求不高的情况，一般用于小功率 LED。对大功率 LED 来说，使用电阻限流驱动效果较差，不节能。

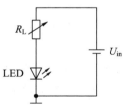

图 2-29　电阻限流驱动电路

(2)线性控制驱动。如图 2-30 所示，电路利用线性区的电力三极管或电力 MOSFET 作为动态可调电阻，采用运算放大器作为核心。运算放大器与功率管可以提高驱动电路的工作效率，但是功率管的饱和压降导致电压调节范围缩小，限制了 LED 照明的发光程度。线性控制驱动方式在精度上有了很大提高，但由于功率管消耗了很多功率，因此整体工作效率低，不节能。

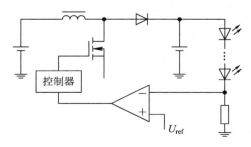

图 2-30　线性控制驱动电路

（3）开关恒流源驱动。开关恒流源常用 PWM 控制方式，通过调节占空比，实现对 LED 亮度的控制，转换效率可达 90% 以上。LED 驱动电路由可调 DC/DC 同步 Buck 降压模块、可调恒流驱动模块、PWM 数/模转换模块三部分组成，如图 2-31 所示。

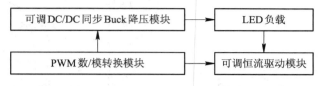

图 2-31　开关恒流源驱动电路组成

3.4　太阳能 LED 路灯的设计与仿真

太阳能 LED 路灯作为一种新型的绿色照明产品，充分利用了太阳能和 LED 的优点，实现了对道路的高效可持续照明，是新一代能源和新一代光源的完美结合。这种系统的核心控制器件包括太阳能充电控制器（也称为光伏控制器）和 LED 驱动控制器。其中，太阳能充电控制器是整个系统的心脏，对太阳电池的输出功率、效率及蓄电池的使用寿命有重要作用；LED 驱动控制器则是直接给 LED 提供驱动电流的设备，是影响 LED 亮度及使用寿命的关键设备。

3.4.1　光伏控制器

光伏控制器是太阳能 LED 路灯系统中的核心部件之一。

1. 工作原理

光伏控制器原理图如图 2-32 所示，开关 1 和开关 2 分别为充电控制开关和放电控制开关。开关 1 闭合时，由太阳能光伏阵列通过控制器给蓄电池充电，当蓄电池出现过充电时，开关 1 能及时切断充电回路，使太阳能光伏阵列停止向蓄电池供电。开关 1 还能按预先设定的保护模式自动恢复对蓄电池的充电。当蓄电池出现过放电时，开关 2 能及时切断放电回路，蓄电池停止向负载供电，当蓄电池再次充电并达到预先设定的恢复充电点时，开关 2 又能自动恢复供电。开关 1 和开关 2 可以由各种开关元件构成，常见开关元件为固态继电器等功率开关器件和普通的继电器。

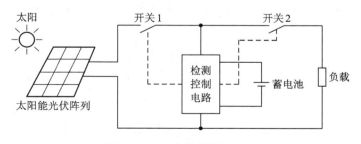

图 2-32　光伏控制器原理图

2. 分类

光伏控制器基本上可分为并联型、串联型、脉宽调制型和最大功率跟踪型等。

1）并联型光伏控制器

如图 2-33 所示，并联型光伏控制器由检测控制电路和开关器件 S_1、S_2、VD_1、VD_2 及熔断器 FU、泄荷电阻 R 等组成。

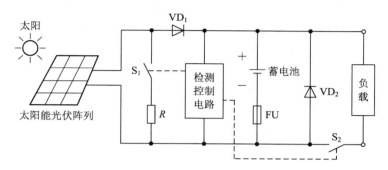

图 2-33　并联型光伏控制器的系统组成

S_1 并联在太阳能光伏阵列的输出端。当蓄电池电压大于"充满切离电压"时，S_1 导通，同时 VD_1 截止，则太阳能光伏阵列的输出电流直接通过 S_1 短路泄放，不再对蓄电池进行充电，从而保证蓄电池不会出现过充电，起到"过充电保护"作用。

S_2 为蓄电池放电开关。当负载电流大于额定电流而出现过载或负载短路时，S_2 关断，起到"输出过载保护"和"输出短路保护"作用，同时当蓄电池电压小于"过放电压"时，S_2 也关断，进行"过放电保护"。

VD_1 为"防反充电二极管"。只有当太阳能光伏阵列输出电压大于蓄电池电压时，VD_1 才能导通，反之 VD_1 截止，从而保证夜晚或阴雨天气时不会出现蓄电池向太阳能光伏阵列反向充电，起到"反向保护"作用。

VD_2 为"防反接二极管"。当蓄电池极性接反时，蓄电池通过 VD_2 短路放电产生很大电流，从而快速将 FU 烧断，起到"防蓄电池反接保护"作用。

检测控制电路可随时对蓄电池电压进行检测。当蓄电池电压大于"充满切离电压"时，检测控制电路使 S_1 导通，进行"过充电保护"；当蓄电池电压小于"过放电压"时，检测控制电路使 S_2 关断，进行"过放电保护"。

2）串联型光伏控制器

串联型光伏控制器的系统组成如图 2-34 所示。它的电路结构与并联型光伏控制器的电路结构相似，区别仅仅是将开关器件 S_1 由并联在太阳能光伏阵列输出端改为串联在蓄电池充电回路中。

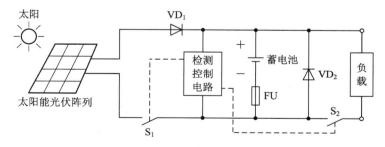

图 2-34　串联型光伏控制器的系统组成

检测控制电路用于监控蓄电池的端电压,当充电电压超过蓄电池设定的充满断开电压值时,S_1关断,使太阳能光伏阵列不再对蓄电池进行充电,起到防止蓄电池过充电的保护作用。其他元件的作用和并联型光伏控制器的相同,这里不再赘述。

串联型、并联型光伏控制器的检测控制电路实际上就是蓄电池过、欠电压的检测控制电路,主要是对蓄电池的电压随时进行取样检测,并根据检测结果向过充电、过放电开关器件发出接通或关断控制信号。检测控制电路原理如图2-35所示。

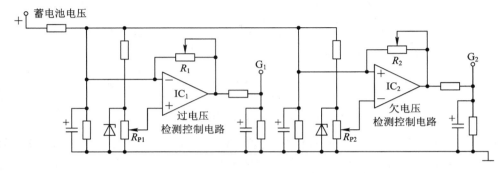

图 2-35 检测控制电路原理

检测控制电路包括过电压检测控制电路和欠电压检测控制电路两部分,均由带回差控制的运算放大器组成。IC_1等构成过电压检测控制电路,IC_1的同相输入端输入由R_{P1}提供的蓄电池的"过压切离"基准电压,反相输入端接被测蓄电池,当蓄电池电压大于"过压切离"电压值时,IC_1的输出端G_1输出为低电平,使S_1接通(并联型光伏控制器)或关断(串联型光伏控制器),起到过电压保护的作用。当蓄电池电压下降到小于"过压切离"电压值时,IC_1的反相输入端电位低于同相输入端电位,则其输出端G_1又从低电平变为高电平,蓄电池恢复正常充电状态。"过压切离"保护与恢复的门限基准电压由R_{P1}和R_1配合调整确定。IC_2等构成欠电压检测控制电路,其工作原理与过电压检测控制电路的相同,这里不再赘述。

3)脉宽调制型光伏控制器

脉宽调制型光伏控制器电路原理如图2-36所示,该控制器通过调节脉冲宽度的大小来改变充电电流的大小。当蓄电池逐渐趋向充满时,随着其端电压的逐渐升高,PWM电路输出脉冲的宽度减小,使开关器件的导通时间减少,充电电流逐渐趋近于零;当蓄电池电压由充满点向下降时,充电电流又会逐渐增大。与前两种光伏控制器相比,脉宽调制型光

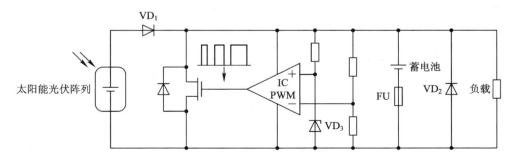

图 2-36 脉宽调制型(PWM)光伏控制器电路原理

伏控制器虽然没有固定的过充电压断开点和恢复点，但是当蓄电池电压达到过充电控制点附近时，脉宽调制型光伏控制器会控制充电电流趋近于零。这种充电过程能形成较完整的充电状态，其平均充电电流的瞬时变化更符合蓄电池当前的充电状况，能够增加光伏发电系统的充电效率并延长蓄电池的总循环寿命。脉宽调制型光伏控制器的缺点是控制器的自身工作有 $4\%\sim8\%$ 的功率损耗。

4）最大功率跟踪型光伏控制器

最大功率跟踪型光伏控制器将检测的太阳能光伏阵列的电压 U 和电流 I 相乘得到功率 P，首先判断太阳能光伏阵列此时的输出功率是否达到最大，若不在最大功率点运行，则调整脉宽，调制输出占空比 k，改变充电电流，然后再次进行实时检测并作出是否改变占空比 k 的判断。这样的寻优过程可保证太阳能光伏阵列始终运行在最大功率点，以充分利用太阳能光伏阵列的输出能量；同时采用 PWM 调制方式使充电电流成为脉冲电流，以减少蓄电池的极化，提高充电效率。

3. 方案设计

基于 BQ24650 的光伏控制器的系统组成如图 2-37 所示。太阳电池输出的直流电压经过输入滤波进入降压转换电路，再经过电流检测及输出滤波后，得到满足负载需求的直流输出电压，给蓄电池充电，完成能量的传递。该系统的输入电压为 12～28 V，输出电压为 12 V。

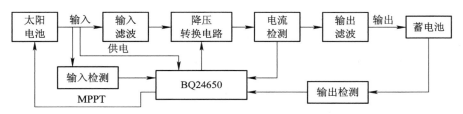

图 2-37　基于 BQ24650 的光伏控制器的系统组成

基于 BQ24650 的光伏控制器电路如图 2-38 所示，其核心器件是 BQ24650（BQ24650 的具体资料请查阅器件手册）。太阳电池作为控制器的输入端，通过 BQ24650 对开关器件 VT_1 和 VT_2 进行控制，实现降压变换，其输出经过滤波后，对蓄电池进行充电。图 2-38 中：R_5、C_1 和 R_6、C_2 构成输入端的滤波电路，VD_2 和 C_5 构成 VT_1 的自举电路，VT_1、VT_2 及 L 构成典型的降压变换电路。

恒电压法是最简单的最大功率点跟踪方法，BQ24650 即是采取该方法实现太阳电池最大功率输出的。图 2-38 中，R_3、R_4 构成 BQ24650 的输入电压反馈电路，当 BQ24650 的 MPPSET 引脚检测到输入电压下降时（即太阳电池的输出电压下降时），BQ24650 自动降低充电电流，使太阳电池输出电压上升。通过这种方法，太阳电池输出电压可维持在最大功率点处的电压，以获得最大功率。

如果 MPPSET 引脚电压强制低于 1.2 V，则 BQ24650 保持在输入电压调节环路的同时输出电流为零。此时 STAT1 引脚为低电平（LOW），STAT2 引脚为高电平（HIGH），即显示充电正在进行，但实际上充电电流为零，并无充电效果。此外，MPPSET 引脚还具有充电使能功能，当其电压低于 75 mV 时，充电将会终止；当其电压恢复到 175 mV 以上时，充电才会恢复。

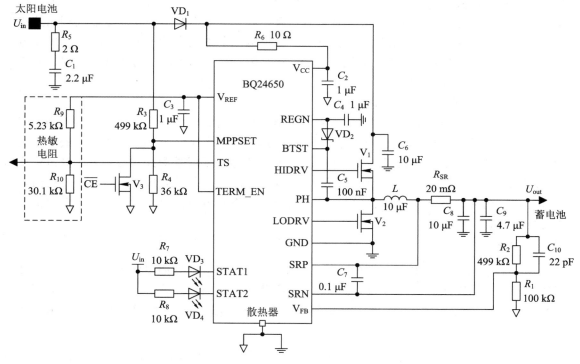

图 2-38   基于 BQ24650 的光伏控制器电路

MPPSET 引脚上的电压被调节到 1.2 V 时，调节电压为

$$U_{\text{MPPSET}} = 1.2\,\text{V} \times \left(1 + \frac{R_3}{R_4}\right) \tag{2-26}$$

该电路中 R_3 为 499 kΩ，R_4 为 36 kΩ，将 U_{MPPSET} 设置为 17.8 V。

图 2-38 中的 R_1 和 R_2、C_{10} 构成输出电压反馈电路；BQ24650 的 V_{FB} 引脚连接到电池与地之间的电阻分压器的中点；BQ24650 内部输出电压的参考值设定为 2.1 V。当输出电压变化时，V_{FB} 引脚电压发生变化，与设定值产生偏差，通过 BQ24650 内部的电压控制环路，改变 Buck 电路的占空比，从而实现输出电压的自动控制。该电路的输出电压为

$$U_{\text{BAT}} = 2.1\,V \times \left(1 + \frac{R_2}{R_1}\right) \tag{2-27}$$

若该电路中 R_1 为 100 kΩ，R_2 为 499 kΩ，则理论输出电压为 12.6 V。

图 2-38 中的 R_{SR} 为充电电流的检测电阻。它将电流信号转换成电压信号，送入 BQ24650 的电流反馈控制引脚 SRP 和 SRN 之间。同时在 SRN 与 SRP 之间放置一个 0.1 μF 的陶瓷电容来提供差模滤波，并在 SRN 到 GND 之间放置一个 0.1 μF 的陶瓷电容供共模滤波。SRP 和 SRN 之间的满量程差动电压固定为 40 mV。充电电流为

$$I_{\text{CHARGE}} = \frac{40\,\text{mV}}{R_{\text{SR}}} \tag{2-28}$$

若该电路中 R_{SR} 取 20 mΩ，则理论最大充电电流为 2 A。

BQ24650 具有电池缺失检测功能，通过输出电压反馈电路，可以进行电池缺失检测。即在充电开始前，先检测有无电池，若有电池才能开始充电，否则系统将一直循环电池检测周期。在电池检测过程中有两个重要电压阈值参数：U_{RECH} 和 U_{LOWV}。U_{RECH} 为 2.05 V，U_{LOWV} 在 1.54~1.56 V 间，典型值为 1.55 V。

电路一旦通电，BQ24650 通过 V_{FB} 引脚检测电压，若在 1 s 内检测到的电压仍低于 U_{LOWV} 阈值，则说明没有电池或者电池电压过低，此时 BQ24650 会通过打开高侧 MOSFET 开关进行短暂充电，这段充电时间为 500 ms。若在这 500 ms 内 V_{FB} 引脚检测到的电压仍小于 U_{RECH}，则说明没有电池或电池损坏，此时 BQ24650 会循环检测周期而不会进行正常的充电，两个充电状态引脚 STAT1 和 STAT2 会显示充电故障。若在开始的 1 s 内检测到电压大于 U_{LOWV} 或在之后的开启充电的 500 ms 内检测到电压大于 U_{RECH}，则说明电池存在，会进行正常的充电。

3.4.2　LED 驱动控制器

路灯的功率与照明面积、照明要求等因素有关，一般在 10~200 W 之间。为了充分发挥 LED 节能环保的特点，根据 LED 的连接方式和应用环境，LED 驱动控制器电路一般选择开关恒流源驱动电路结构，总体方案如图 2-39 所示。其输入电压范围为 90~265 V AC；输入电路包括 EMI 滤波器、整流滤波电路等，经过整流后通过 APFC 电路实现功率因数校正；DC/DC 转换器完成隔离和降压的功能；多路输出级输出多路恒定的工作电流，通过 PWM 对 LED 路灯进行调光控制。

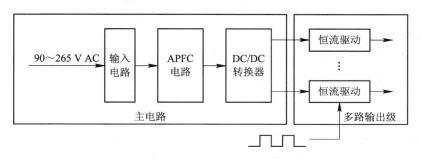

图 2-39　LED 路灯驱动控制器结构

DC/DC 转换器选用 XL6003 芯片。XL6003 是专用于 LED 升压恒流驱动的开关控制器，它具有宽输入电压 3.6~36 V，2 A 的输出电流能力，并具有完备的保护功能，内置软启动功能，电路效率可达 92%。

以 XL6003 为核心的 LED 驱动控制器电路如图 2-40(a)所示，其中 L_1 为升压电感。整个驱动电路的输入电压是 12 V，通过电感式升压输出 25 V 电压，电流恒流为 350 mA。

XL6003 内部设置了输出电流对应的参考电压基准，其值为 0.23 V，可以利用下面的公式计算电流检测电阻的值，即

$$R_{\text{cs2}} = \frac{0.23}{I_{\text{LED}}} \qquad\qquad (2-29)$$

式中 I_{LED} 为 LED 的电流。若 $I_{\text{LED}} = 330$ mA，则 R_{cs2} 可选择 0.68 Ω 的电阻。

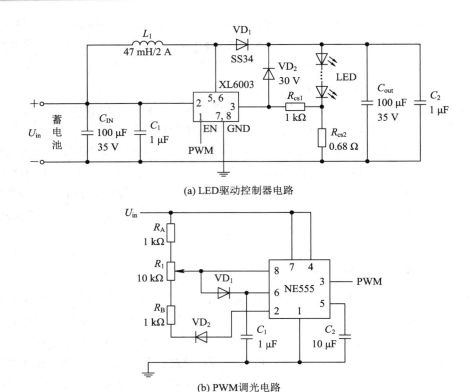

(a) LED驱动控制器电路

(b) PWM调光电路

图 2-40   XL6003 的典型应用电路

升压电感 L_1 是电路中的重要器件,在计算电感值时,必须使电感的饱和电流大于每个周期电感上的尖峰电流。选择较低 DCR(直流电阻)的电感将会降低功耗,提高效率。电感的最小值可通过下面的公式计算,即

$$L \geqslant \frac{U_{\text{in}} R_{\text{DSON}}}{0.29} \times \left(\frac{k}{1-k} - 1 \right) \tag{2-30}$$

式中:U_i 为输入电源电压;R_{DSON} 为开关管通态电阻;k 为占空比。

选用 NE555 为核心的振荡电路,产生占空比可调的矩形波送至 XL6003 的 EN 端,控制 XL6003 的工作与待机时间的比例,达到调光的效果。图 2-40(b)为 PWM 调光电路。

NE555 刚通电时,由于 C_1 上的电压不能突变,即 2 脚的电位为起始电平的低电位,使芯片置位,3 脚为高电平。C_1 通过 R_A、VD_1 对其充电,充电时间为

$$t_充 = 0.7(R_A + R_1)C_1 \tag{2-31}$$

电压充到阈值电压 $2U_{\text{in}}/3$ 时,芯片复位,PWM 输出端为低电平,接着通过 VD_2、R_B 和芯片内部的放电管放电,使 U_{C1} 下降。当 U_{C1} 下降到 $1U_{\text{in}}/3$ 时,芯片置位,PWM 输出端为高电平,放电时间为

$$t_放 = 0.7(R_B + R_1)C_1 \tag{2-32}$$

振荡周期为

$$T = t_充 + t_放$$

PWM 波的频率为

$$f = \frac{1}{T} = \frac{1.43}{(R_A + R_1)C_1} \tag{2-33}$$

3.4.3 仿真验证

太阳能 LED 照明控制系统主要由太阳电池、光伏控制器、蓄电池、LED 驱动控制器、灯具(LED)等部分组成,如图 2-41 所示。

图 2-41 太阳能 LED 照明控制系统组成

太阳电池将太阳能转化为电能,通过光伏控制器对蓄电池充电,到了夜间,由蓄电池里的电能通过 LED 驱动控制器点亮 LED。具体工作过程为:太阳电池提供 24 V 的电压,经过光伏控制器后输出 12 V 的电压存储到蓄电池中,蓄电池放电时,LED 驱动控制器输出 25 V、350 mA 的电源驱动 LED 点亮。

太阳能 LED 路灯系统调光电路由 LED 驱动控制器电路和 PWM 调光电路两部分组成,LED 驱动控制器电路需要完成太阳电池输出 12 V 电压后升至 25 V 的升压过程,为 PWM 调光电路提供 25 V 的驱动直流电压。LED 驱动控制器电路和 PWM 调光电路的电路如图 2-40 所示。其中 LED 驱动控制器电路由太阳能光伏阵列、电感、电容、二极管、MOSFET 管、触发脉冲电路以及负载电阻所组成。LED 驱动控制器电路使用典型的 Boost 升压电路完成 12 V 至 25 V 的升压过程。而 PWM 调光电路主要由电源、NE555 芯片、二极管、电容、变阻器及负载电阻所组成。PWM 调光电路使用一个变阻器用来调节电路的占空比。具体的升压公式及占空比计算请查阅相关资料。下面分 4 个步骤对太阳能 LED 路灯系统调光电路的仿真进行讲解。

1. 仿真模型搭建

(1)打开 PSIM 软件,新建一个仿真电路原理图设计文件。

(2)根据图 2-40 所示的电路,从 PSIM 元件库中选取 LED 驱动控制器电路和 PWM 调光电路所需的太阳能光伏阵列、电感、电容、二极管、MOSFET 管、NE555 芯片以及负载电阻等元件放置于电路设计图中。触发脉冲控制器在 PSIM 软件中可采用门控模块、α 控制器、方波电源等多种方案,本仿真案例中选取门控模块作为触发脉冲控制器。放置元件的同时调整元件的位置及方向,以便后续进行原理图的连接。

(3)利用 PSIM 中的画线工具,按照对应的拓扑图将电路连接起来,组建成电路仿真模型。画线时可适当调整元件位置及方向,使所搭建的模型更加美观。

(4)放置测量探头,测量需要观察的电压、电流等参数。本仿真案例中放置的电压探头与电流探头可用来测量太阳能光伏阵列的输出电压和电流、升压后的电压和电流以及负载电流等参数。

搭建完成的仿真模型如图 2-42 所示。

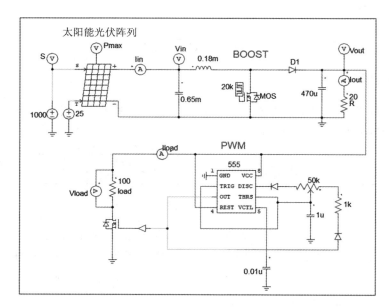

图 2-42　太阳能 LED 路灯系统调光电路仿真模型

2. 电路元件参数设置

本仿真案例中将太阳能光伏阵列的环境温度设置为 25℃，光强输入设置为 1000 W/m²，LED 驱动控制器电路的电感设置为 0.18 mH，太阳能光伏阵列输出侧的电容设置为 650 μF，负载侧的电容设置为 470 μF，触发脉冲控制器的频率设置为 20 kHz，负载电阻设置为 20 Ω，其他未提及参数均采用默认设置。PWM 调光电路的参数设置以及整个电路的电压探头与电流探头的命名如图 2-42 所示。

3. 电路仿真

完成仿真模型的搭建后，放置仿真控制元件，并设置仿真控制参数。在此仿真案例中仿真步长设置为 10 μs，仿真总时间设置为 0.3 s，其他参数保持默认配置。参数设置完成后即可运行仿真。

4. 仿真结果分析

在仿真结束后，PSIM 自动启动 Simview 波形显示窗口。将仿真模型中所需要的测量参数"Vin""Vout"和"Iload"分别添加到波形显示窗口，观察仿真结果波形，验证系统的可行性。下面从 LED 驱动控制器电路和 PWM 调光电路两个层面分析仿真结果。

1) LED 驱动控制器电路

LED 驱动控制器电路是以太阳能光伏阵列转化后的电压作为输入进行设计的，输入/输出电压波形及数据如图 2-43 所示。由仿真数据可以得到电路的太阳能光伏阵列所给出的输入电压为 12.5 V，经 Boost 电路升压后的输出电压为 25 V，与设计要求基本吻合，由此可验证仿真模型设计合理。

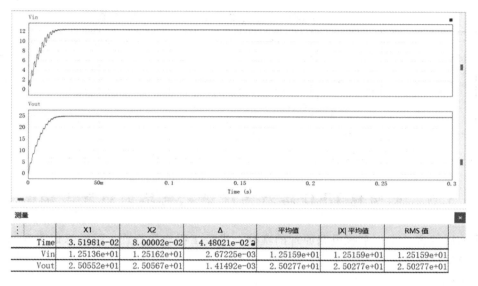

	X1	X2	Δ	平均值	|X| 平均值	RMS 值
Time	3.51981e-02	8.00002e-02	4.48021e-02			
Vin	1.25136e+01	1.25162e+01	2.67225e-03	1.25159e+01	1.25159e+01	1.25159e+01
Vout	2.50552e+01	2.50567e+01	1.41492e-03	2.50277e+01	2.50277e+01	2.50277e+01

图 2-43 仿真结果及数据

2）PWM 调光电路

以 LED 驱动控制器电路 25 V 的输出电压为输入电源，所搭建的 PWM 调光电路可以通过调节变阻器的阻值进行电路占空比的调节。调节占空比为 0.2 时的仿真波形及数据如图 2-44 所示。

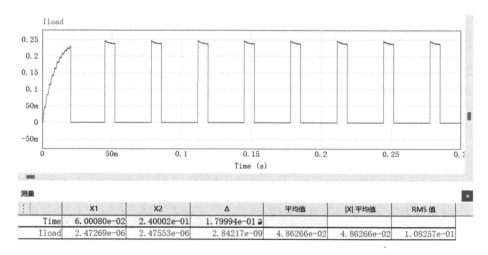

	X1	X2	Δ	平均值	|X| 平均值	RMS 值
Time	6.00080e-02	2.40002e-01	1.79994e-01			
Iload	2.47269e-06	2.47553e-06	2.84217e-09	4.86266e-02	4.86266e-02	1.08257e-01

图 2-44 占空比为 0.2 时的仿真波形及数据

观察不同占空比下 LED 两端的电压和电流，判断所设计的电路是否能够完成对 LED 的亮度调节。不同占空比下的仿真数据如表 2-2 所示。通过表 2-2 可以直观地看出，随着占空比的增大，负载电压和负载电流的平均值也不断增大，这证明所设计的太阳能 LED 路灯系统能够通过调节电路的占空比完成对负载灯泡的亮度调节，验证了仿真模型的合理性。

表 2 - 2   不同占空比下的负载电压和负载电流

占空比	负载电压平均值/V	负载电流平均值/A
0.2	4.9	0.049
0.4	9.9	0.099
0.6	15.3	0.153
0.8	19.5	0.195

3.5   太阳能 LED 路灯系统调光电路的组装与调试

本实践要求学生在掌握电路原理的基础上进行工程应用操作,以锻炼识图和基本操作能力,加深对电路的理解。

1. 实践目标

(1)掌握 PWM 调光电路的基本原理和组成结构。

(2)掌握 NE555 集成芯片的特性和工作原理。

(3)能够熟练进行太阳能 LED 路灯系统调光电路的调试。

2. 实践器材

太阳能 LED 路灯系统调光电路所需的元器件清单如表 2-3 所示。

表 2 - 3   太阳能 LED 路灯系统调光电路所需的元器件清单

元器件名称	在电路图中的代号	参考型号	数量
主芯片 IC	U_1	NE555	1
二极管	VD_1	1N4007	1
三极管	VT_1、VT_2	S8050	2
电解电容	C_8	10 μF/25 V	1
	C_9	47 μF/25 V	1
瓷片电容	C_1、C_7	103	2
	$C_2 \sim C_6$	473	4
	C_3	104	1
1/4 W 色环电阻	R_1、R_8	1 kΩ	2
	$R_2 \sim R_4$	10 kΩ	3
	R_6、R_7	100 kΩ	2
	R_5	1 MΩ	1
微调电阻	R_{P2}、R_{P3}	20 kΩ	1
	R_{P1}	50 kΩ	1

3. 实践步骤

1）装配太阳能 LED 路灯系统调光电路

装配前对照元器件清单核对元器件是否齐全，并用万用表逐一检测电阻、电容、二极管、三极管等元件的好坏。将三极管 VT_1、VT_2 用螺钉固定在面积足够的散热器上，在固定的同时用导热绝缘的垫片垫在管子和散热器之间，并保证与散热片绝缘良好。检查完毕后，将元器件逐一焊接到电路板上。太阳能 LED 路灯系统调光电路焊接完成后的线路板如图 2-45 所示。

图 2-45　太阳能 LED 路灯系统调光电路的线路板

2）调试太阳能 LED 路灯系统调光电路

太阳能 LED 路灯系统调光电路调试主要是指对焊接完成后的线路板进行上电测试。即在电源输入端接入 5～12 V 直流电源，在输出端接入 LED，通过调节电位器控制电路的占空比，观察 LED 的亮度，确定电路是否能够完成对 LED 的调光。

任务 4   光伏逆变器的设计、仿真与实践

光伏电源发出来的是直流电,人们日常生活中使用的是交流电源,如要利用光伏电源,则需要考虑电源的变换。将直流电变换成交流电,即 DC/AC 变换,亦称为逆变,相应的电能转换器被称为逆变器。

4.1   智能功率模块

智能功率模块(Intelligent Power Module,IPM)是一种将电力电子和集成电路技术结合的功率驱动类产品,采用标准化的接口,方便与控制电路板相连接,在故障情况下有自保护能力,降低了使用过程中损坏的概率,提高了整机的可靠性。

4.1.1   结构组成

IPM 一般使用 IGBT 作为功率开关元件,内含电流传感器及驱动电路的集成结构。小功率器件采用多层环氧树脂黏合绝缘系统,封装费用特别低,适合低成本和有尺寸要求的消费类及工业产品上;中、大功率器件采用陶瓷绝缘,保证所需的散热特性和更大的载流容量。

根据集成功率半导体器件 IGBT 的数量,IPM 通常有 4 种电路形式,即单管封装(H型)、双管封装(D 型)、六合一封装(C 型)、七合一封装(R 型),如图 2-46 所示。单管封装的 IPM 模块只有一个功率管,适用于单相输出。双管封装的 IPM 模块一般是两只功率管串联,适用于单相半桥电路。六合一封装的 IPM 模块用 6 个管子构成三组桥臂,适用于三相全桥电路。七管合一封装的 IPM 模块与六合一封装的 IPM 模块基本一致,差别在于多了一个管子,该管常作为泄放管。

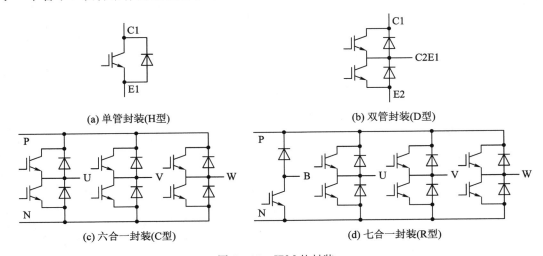

(a) 单管封装(H型)　　　　　　　　　(b) 双管封装(D型)

(c) 六合一封装(C型)　　　　　　　　　(d) 七合一封装(R型)

图 2-46　IPM 的封装

4.1.2　自保护功能

智能功率模块由功率器件、驱动控制电路和检测保护电路等组成，如图 2-47 所示。电流检测、电压检测以及温度检测器件与驱动电路连接，将检测信号传送给控制电路。驱动电路包含驱动保护电路以及芯片的供电电源电路，并设有端口与 CPU 连接。IPM 中的每个功率器件都设有各自独立的驱动电路和多种保护电路。一旦发生负载故障或者使用不当等异常情况，模块内部立即以最快的速度进行保护，同时将保护信号送给外部 CPU 进行第二次保护。这种多重保护可以使 IPM 本身不受损坏，提高了器件的可靠性，解决了长期困扰人们的 IPM 器件损坏难题。而且 IPM 的开关损耗转换效率都优于 IGBT 模块。当 IPM 中有任一种保护电路动作时，IGBT 栅极驱动单元就会关断并输出一个故障信号（FO）。各种保护电路名称及功能如表 2-4 所示。

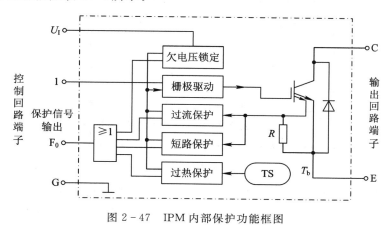

图 2-47　IPM 内部保护功能框图

表 2-4　保护电路名称及功能

电路名称	电路功能
驱动电路	设定了最佳的 IGBT 驱动条件，驱动电路与 IGBT 间的距离很短，输出阻抗很低，因此，不需要加反向偏压
过电流保护、短路保护	通过检测各 IGBT 集电极电流实现保护，故能实时地监测 IGBT 工作状态，进行有效的保护
驱动电源欠电压保护（UV）	每个驱动电路都具有 UV 保护功能，当驱动电源电压小于规定值 UV 时，产生欠电压保护
过热保护（OT）	靠近 IGBT 芯片的绝缘基板上装有温度传感器，IPM 的超温保护单元实时监测 IPM 基板温度，当基板温度超过热断阈值（OT）时，IPM 内的温度保护电路就会终止栅极驱动，对模块实行软关断，并输出故障信号
误动作（FO）报警输出	当各种故障动作持续 1 ms 以上时，IPM 即向外部 CPU 发出错误动作信号，直到故障撤销为止。若报警时间大于 1.8 ms 时，此时间段内 IPM 会封锁门极驱动通道，直到持续时间结束，门极驱动通道开放
制动电路	和逆变桥一样，内含 IGBT、FRD、驱动电路，通过外接制动电阻可以方便地实现能耗制动

4.2 三相电压源型逆变电路

在光伏发电系统的设计和运行过程中，三相电压源型逆变电路是最常用的逆变器拓扑结构之一，具有转换效率高、控制精度高、输出波形质量好等优点。

1. 电路组成

采用 IGBT 作为开关器件的三相电压源型逆变电路如图 2-48 所示，它可以看成由 3 个电压型单相半桥逆变电路组成。直流电源并联有大容量滤波电容器 C，具有电压源特性，内阻很小。这使逆变器的交流输出电压被箝位为矩形波，与负载性质无关。输出的交流电流的波形与相位则由负载功率因数决定。

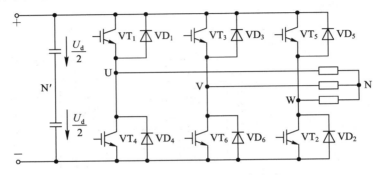

图 2-48 三相电压源型逆变电路

三相电压源型逆变电路由开关管 $VT_1 \sim VT_6$ 和反并联二极管 $VD_1 \sim VD_6$ 组成 6 个桥臂，C 为滤波电容。6 只开关管每隔 60°电角度触发导通 1 次，相邻两相的开关管触发导通时间互差 120°，一个周期共换相 6 次，对应 6 个不同的工作状态（又称六拍）。根据开关管导通持续时间的不同，三相电压源型逆变电路可以分为 180°导电型和 120°导电型两种工作方式。

2. 180°导电型工作方式

三相电压源型逆变电路的每个桥臂的导通角度均为 180°，同一相（即同一半桥）的上下两个桥臂交替导通，各相开始导通的角度依次相差 120°，从而输出相位互差 120°的交流电压。在任一瞬间，有且只有 3 个桥臂同时导通，或两个上桥臂和 1 个下桥臂同时导通，或 1 个上桥臂和两个下桥臂同时导通。因为每次换流都是在同一相上、下两个桥臂之间进行的，因此也被称为纵向换流。为了防止同一相的上下两桥臂的开关器件同时导通而引起直流侧电源的短路，要采取"先断后通"的方法。

180°导电型工作方式下三相电压源型逆变电路的工作波形如图 2-49 所示。逆变电路直流侧电压为 E，当上桥臂或下桥臂器件导通时，U、V、W 三相相对于直流电源中点来说，其输出分别为 $+E/2$ 或 $-E/2$。当负载为星形对称负载时，逆变电路输出的相电压波形为交流六阶梯波，每间隔 60°就发生一次电平的突变，且电平取值分别为 $\pm E/3$、$\pm 2E/3$；逆变电路输出的线电压波形为 120°交流方波，幅值为 E。

通过分析可以看到，三相电压源型逆变电路的每一相的上下两桥臂间的换流过程和半桥电路相似。桥臂 1、3、5 的电流相加可得直流侧电流 i_d 的波形，i_d 每 60°脉动一次，直流电压基本无脉动，因此逆变器的功率是脉动的。这是三相电压源型逆变电路的一个特点。

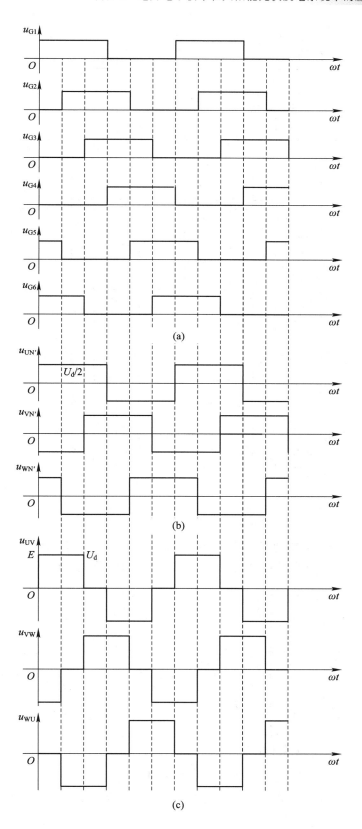

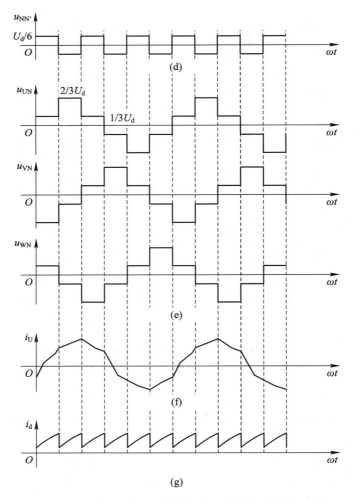

图 2-49　三相电压源型逆变电路(180°导电型)工作波形

　　三相电压源型逆变电路的每个开关器件旁边都反向并联一个二极管，下面在电动机等阻感性负载情况下，以一个桥臂为例说明反向二极管的作用，如图 2-50 所示。

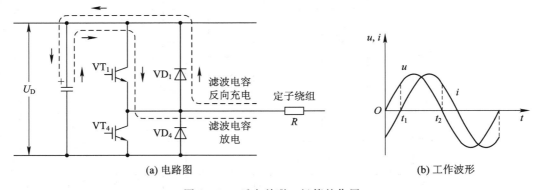

(a) 电路图　　　　　　　　　　　　　　(b) 工作波形

图 2-50　反向并联二极管的作用

　　$0 \sim t_1$ 期间：电流 i 和电压 u 的方向相反，绕组储存的能量做功，电流 i 通过二极管

VD_1 流回直流侧，滤波电容器充电。如果没有反向并联的二极管，电流的波形将发生畸变。

$t_1 \sim t_2$ 期间：电流 i 和电压 u 的方向相同，电源做功，电流 i 流向负载。

电路输出线电压的有效值为

$$U_{UV} = U_{VW} = U_{WU} = \sqrt{\frac{1}{2\pi}\int_0^{2\pi} u_{UV}^2 \mathrm{d}(\omega t)} = \sqrt{\frac{2}{3}}E \approx 0.816E \qquad (2-34)$$

其中基波幅值 U_{UV1m} 和基波有效值 U_{UV1} 分别为

$$U_{UV1m} = 1.1E \qquad (2-35)$$

$$U_{UV1} = 0.78E \qquad (2-36)$$

电路输出相电压的有效值为

$$U_{UN} = U_{VN} = U_{WN} = \sqrt{\frac{1}{2\pi}\int_0^{2\pi} u_{UN}^2 \mathrm{d}(\omega t)} = \frac{\sqrt{2}}{3}E \approx 0.471E \qquad (2-37)$$

其中基波幅值 U_{UN1m} 和基波有效值 U_{UN1} 分别为

$$U_{UN1m} = 0.637E \qquad (2-38)$$

$$U_{UN1} = 0.45E \qquad (2-39)$$

3. 120°导电型工作方式

120°导电型逆变电路 6 只开关管的导通顺序仍是 VT_1、VT_2、VT_3、VT_4、VT_5、VT_6，时间间隔仍为 60°，但每只开关管的导通时间为 120°，任意瞬间只有两个开关管同时导通，它们的换流在相邻桥臂中进行。120°导电型逆变电路的优点是换流安全，因为在同一桥臂上两只开关管的导通间隔固定为 60°；缺点是输出电压较低，相电压为矩形波，幅值为 $E/2$，线电压为梯形波，幅值为 E。工作波形如图 2-51 所示。

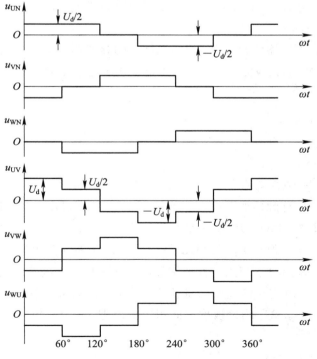

图 2-51　三相电压源型逆变电路(120°导电型)工作波形

线电压有效值、基波幅值及基波有效值分别为 $U_{UV} = 0.707E$、$U_{UV1m} = 0.955E$、$U_{UV1} = 0.675E$;相电压各值分别为 $U_{UN} = 0.408E$、$U_{UN1m} = 0.55E$、$U_{UN1} = 0.39E$。

与180°导电型对比可见,在同样的 E 条件下,采用180°导电型逆变电路的元器件利用率高,输出电压也较高,而120°导电型逆变电路可避免同相上下臂的直通现象,较为可靠。无论是180°还是120°导电型逆变电路,输出电压谐波成分都比较大,会使电动机发热加剧且转矩脉动大,特别是低速时,会影响电动机转速的平稳性。电动机是感性负载,当电源频率降低时,电动机的感抗减小,在电源电压不变的情况下电流将增加,会造成过电流故障,因此变频的同时还需改变电压的大小。

三相电压源型逆变器电路所需要解决的主要问题是:如何减少或消除高次谐波;如何在变频的同时,改变输出电压的大小。改善波形的办法有两种:一种是由几台方波逆变器以一定相位差进行多重化连接;另一种是采用脉宽调制(PWM)控制方式。目前通用变频器均采用后一种方式。脉宽调制控制方式还可改变输出电压的大小。

4.3   脉宽调制型逆变电路

逆变器改善波形的办法有两种:一种是由几台方波逆变器以一定相位差进行多重化连接,另一种是采用脉宽调制(PWM)控制方式。

对于直流斩波电路,当输入和输出电压都是直流电压时,可以把直流电压分解成一系列脉冲,通过改变脉冲的占空比来获得所需的输出电压。在这种情况下,调制后的脉冲序列是等幅的,也是等宽的,仅仅是对脉冲的占空比进行控制,这是 PWM 控制中最为简单的一种情况。

随着全控型电力电子器件的出现,使性能优越的脉宽调制 PWM 型逆变电路应用日益广泛,对逆变电路的影响也最为深刻。目前大量应用的逆变电路绝大部分都是 PWM 型逆变电路。

4.3.1   基本原理

1. 面积等效原理

以一个具体的 RL 惯性电路环节为例,如图 2-52(a)所示,$e(t)$ 为输入的电压窄脉冲,面积相等形状不同的各种脉冲如图 2-53 所示。电流 $i(t)$ 作为电路的输出,不同窄脉冲时 $i(t)$ 的响应波形如图 2-52(b)所示。从波形图可以看出,在 $i(t)$ 的上升段,脉冲形状不同时 $i(t)$ 的形状略有不同,但其下降段则几乎完全相同。通过实验可以验证,当脉冲越窄时,各 $i(t)$ 波形的差异也就越小。当周期性地施加电压脉冲时,电流响应也是周期性的。通过傅里叶级数分解,电流响应在低频段的特性非常接近,在高频段则略有不同,与采样控制理论中的结论是相符的。这一结论被称为面积等效原理,它是 PWM 控制技术的重要理论基础。

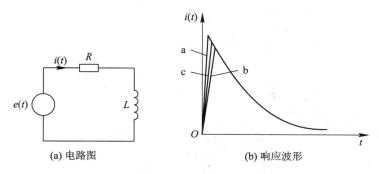

图 2-52　测试电路及响应波形

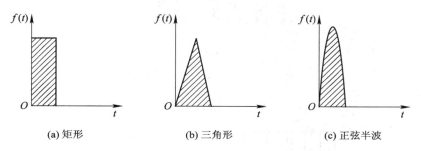

图 2-53　形状不同面积相等的各种窄脉冲

2. 正弦脉宽调制原理

正弦波在正半周期内的波形如图 2-54(a)所示，将其 N 等分，就可以把正弦半波看成是由 N 个彼此相连的脉冲序列所组成的波形。这些脉冲宽度相等，都等于 π/N，但幅值不等，且脉冲顶部不是水平直线而是曲线，各脉冲的幅值按正弦规律变化。如果把上述脉冲序列利用相同数量的等幅不等宽的矩形脉冲来代替，使矩形脉冲的中点和相应正弦波部分的中点重合，且使矩形脉冲和相应的正弦波部分面积(冲量)相等，就得到如图 2-54(b)所示的脉冲序列，这就是 PWM 波形。可以看出，脉冲序列中各脉冲的幅值相等，而宽度是按正弦规律变化的。根据面积等效原理，PWM 波形和正弦半波是等效的，而且在同一时间段(如半波内)的脉冲数越多、脉冲宽度越窄，不连续地按正弦规律改变宽度的多脉冲电压 u_2 就越等效于正弦电压 u_1。对于正弦波的负半周，也可以用同样的方法得到 PWM 波形。像这种脉冲宽度是按正弦规律变化且和正弦波等效的 PWM 波形，称为正弦脉宽调制(Sine Pulse Width Modulation，SPWM)。要改变等效输出正弦波的幅值时，只要按照同一比例系数改变上述各脉冲的宽度即可。

对正弦波的负半周也采取同样的方法，一个完整周期的等效 PWM 波形如图 2-55(a)所示，其特点是在半个周期内 PWM 波形的方向不变，这种控制方式称为单极性 PWM 控制。根据面积等效原理，正弦波还可等效为如图 2-55(b)所示的 PWM 波形，其特点是半周期内 PWM 波形的极性交替变换。这种控制方式称为双极性 PWM 控制，其在实际中应用更为广泛。

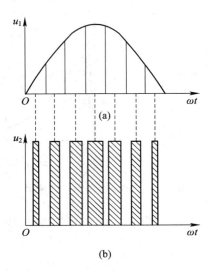

图 2 - 54   正弦波 PWM 调制原理

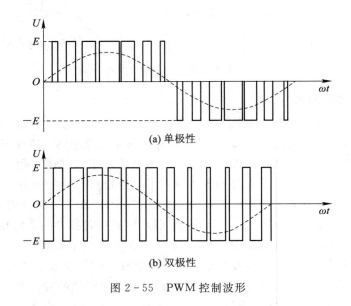

图 2 - 55   PWM 控制波形

3. SPWM 控制方式

1) 单极性 SPWM 控制方式

PWM 驱动信号生成电路又称调制电路，由比较器、数字逻辑电路等组成，如图 2 - 56 所示。其输入信号有两个，一个为频率和幅值可调的调制波(正弦波)$u_r = U_m \sin(\omega_r t)$，其频率 $f_r = \dfrac{\omega_r}{2\pi} = f_1$(逆变器输出电压基波频率)，频率 f_r 的可调范围一般为 $0 \sim 400$ Hz；另一个为载波(三角波)u_c，它是频率为 f_c、幅值为 U_{cm} 的单极性三角波，f_c 通常较高(它取决于开关器件的开关频率)。调制电路输出信号 $U_{G1} \sim U_{G4}$ 接开关器件 $VT_1 \sim VT_4$ 的栅极。

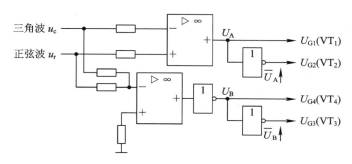

图 2-56　单极性 PWM 驱动信号生成电路

电路工作原理分析：在 $u_c > u_r$ 期间，U_A 为负值、U_B 为正值，VT_1、VT_3 截止，$u_o = 0$；在 $u_r > u_c$ 期间，U_A 为正值，U_B 仍为正值，VT_1、VT_4 导通，VT_2、VT_3 截止，$u_o = E$。其电路工作波形如图 2-57 所示。输出电压 u_o 是一个多脉冲波组成的交流电压，脉冲波的宽度近似地按正弦规律变化。由于单极性 SPW 控制方式在正半周只有正脉冲电压，在负半周只有负脉冲电压，因此这种 PWM 控制方式称为单极性 SPWM 控制方式。输出电压 u_o 的基波频率 f_1 等于调制波频率 f_r，输出电压 u_o 的大小由电压调制比 $M = U_{rm}/U_{cm}$（其中 U_{rm}、U_{cm} 分别为 u_r 和 u_c 的幅值）决定。固定 U_{cm} 不变，改变 U_{rm}（改变调制比 M）即可调控输出电压的大小，例如，增大 U_{rm}，M 变大，每个脉冲波的宽度都增加，u_o 中的基波增大。图 2-57 所示的 u_{o1} 即为输出电压 u_o 的基波。此外，载波比 $N = f_c/f_r$ 越大，每半个正弦波内的脉冲数目越多，输出电压就越接近正弦波。

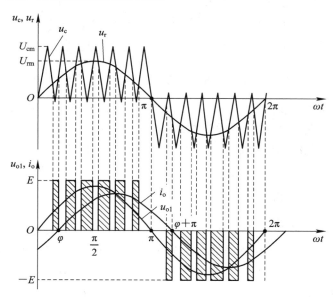

图 2-57　单极性 SPWM 驱动信号生成电路工作波形

2）双极性 SPWM 控制方式

双极性 PWM 驱动信号生成电路如图 2-58 所示，调制波仍为幅值 U_{rm}、频率 f_r 的正弦波 u_r，载波变为幅值 U_{cm}、频率 f_c 的双极性三角波 u_c。无论在 u_r 的正半周还是负半周，在 $u_r > u_c$ 期间，输出电压 $u_o = +E$；在 $u_r < u_c$ 期间，$u_o = -E$。其电路工作波形如图 2-59 所

示,输出电压 u_o。在正负半周中都有正、负脉冲电压,因此这种 PWM 控制方式称为双极性 SPWM 控制方式。

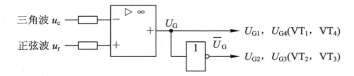

图 2-58   双极性 PWM 驱动信号生成电路

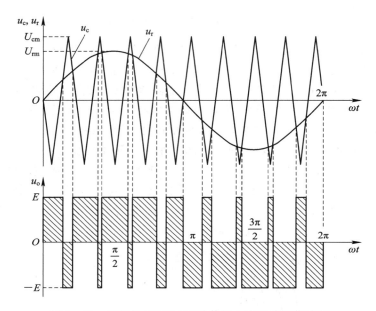

图 2-59   双极性 SPWM 驱动信号生成电路工作波形

综上所述,改变调制波的频率,即可改变逆变器输出基波的频率(频率可调范围一般为 0~400 Hz);改变调制波的幅值,便可改变输出电压基波的幅值。逆变器输出的虽然是调制方波脉冲,但由于载波信号的频率比较高(可达 15 kHz 以上),因此在负载电感(如电动机绕组的电感)的滤波作用下,可以获得与正弦基波基本相同的正弦电流。

4.3.2   SPWM 逆变电路

逆变电路是 PWM 控制技术最为重要的应用场合。PWM 逆变电路可分为电压型 PWM 逆变电路和电流型 PWM 逆变电路两种。目前实际应用的 PWM 逆变电路几乎都是电压型 PWM 逆变电路,因此下面主要介绍电压型 PWM 逆变电路,即 SPWM 逆变电路。

1. 单相桥式 SPWM 控制逆变电路

单相桥式 SPWM 控制逆变电路结构与全桥逆变电路相同,如图 2-60 所示。

单相桥式 SPWM 控制逆变电路的调制方式既可以是单极性 SPWM 调制,也可以是双极性 SPWM 调制,另外还有采用 PID 电压外环、电流内环的双环控制方式。单相桥式 SPWM控制逆变电路的 $VT_1 \sim VT_4$ 开关管的 SPWM 控制信号来自控制电路,其中 VT_1、VT_4 开关管输出为正,VT_2、VT_3 开关管输出为负。

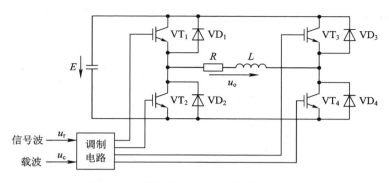

图 2-60　单相桥式 SPWM 控制逆变电路

　　微处理器通过 AD 口采集输出负载端的电压和电感上的电流，在微处理器内部通过 PI 双环控制，产生 SPWM 信号输出至驱动电路，并经过 LC 滤波形成正弦波电压。

　　采用 SPWM 控制，逆变器相当于一个可控的功率放大器，既能实现调压，又能实现调频，加上它体积小，重量轻，可靠性高，而且调节速度快，系统动态响应性能好，因而在变频器中获得了广泛的应用。

2. 三相桥式 SPWM 控制逆变电路

　　三相桥式 SPWM 控制逆变电路如图 2-61 所示，这种电路都是采用双极性控制方式。

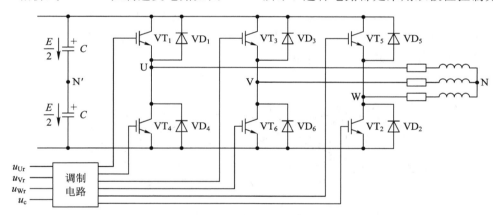

图 2-61　三相桥式 SPWM 控制逆变电路

　　三相桥式 PWM 驱动信号生成电路(调制电路)如图 2-62 所示，电路引入了闭环反馈调节控制系统，U_o^* 为输出电压的指令值，U_o 为输出电压的实测反馈值，电压偏差 $\Delta U_o = U_o^* - U_o$。电压调节器 VR 输出调制波幅值 U_{rm}，U、V 和 W 三相的调制波 u_{Ur}、u_{Vr}、u_{Wr} 分别为

$$u_{Ur}(t) = U_{rm}\sin(\omega_r t) \tag{2-40}$$

$$u_{Vr}(t) = U_{rm}\sin(\omega_r t - 120°) \tag{2-41}$$

$$u_{Wr}(t) = U_{rm}\sin(\omega_r t - 240°) \tag{2-42}$$

式中，ω_r 为调制波 u_r 角频率。

　　u_{Ur}、u_{Vr}、u_{Wr} 与公用载波 u_c 相比较产生驱动信号 $U_{G1} \sim U_{G6}$，控制 $VT_1 \sim VT_6$ 六个全控型开关器件的通、断，从而控制逆变器输出的三相交流电压 $u_{Uo}(t)$、$u_{Vo}(t)$、$u_{Wo}(t)$ 的瞬

时值。U、V 和 W 各相开关器件的控制规律相同,现以 U 相为例来说明。

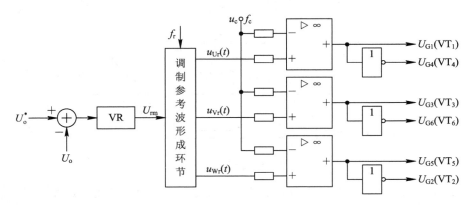

图 2-62 三相桥式 SPWM 驱动信号生成电路

当 $u_{Ur} > u_c$ 时,U_{G1} 为正值驱动 VT$_1$ 导通,U_{G4} 为负值,使 VT$_4$ 截止,$u_{Uo} = +E/2$;当 $u_{Ur} < u_c$ 时,VT$_1$ 截止,VT$_4$ 导通,$u_{Uo} = -E/2$。VT$_1$ 和 VT$_4$ 的驱动信号始终是互补的。当给 VT$_1$(或 VT$_4$)加导通信号时,可能是 VT$_1$(或 VT$_4$)导通,也可能是二极管 VD$_1$(或 VD$_4$)续流导通,这要由阻感性负载中电流的方向来决定,和单相桥式 PWM 型逆变电路在双极性控制时的情况相同。

三相桥式 SPWM 控制逆变电路工作波形如图 2-63 所示,V 相及 W 相的控制方式和 U 相相同,可以看出 u_{Uo}、u_{Vo} 和 u_{Wo} 的波形都只有 $\pm E/2$ 两种电平。线电压的 u_{UV} 可由 $u_{Uo} - u_{Vo}$ 得出,由 $\pm E$ 和 0 三种电平构成。

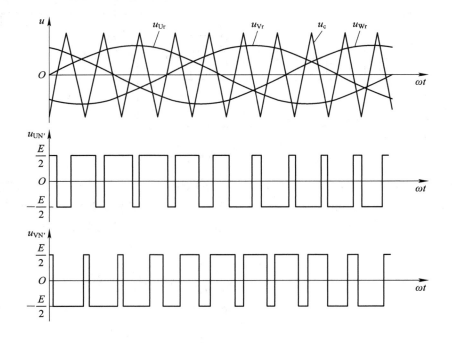

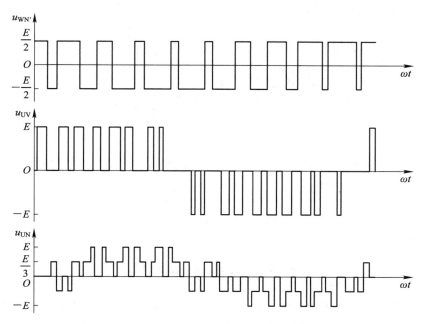

图 2-63 三相桥式 SPWM 控制逆变电路工作波形

输出电压 u_o 的基波大小与调制系数 $M = U_{rm}/U_{cm}$ 成正比。当实际输出电压基波小于给定值（$U_o < U_o^*$）时，电压偏差 $\Delta U_o = U_o^* - U_o > 0$，电压调节器 VR 输出的 U_{rm} 增大，M 值增大，使输出电压各脉宽加宽，输出电压 U_o 增大到给定值 U_o^*；反之，当 $U_o > U_o^*$ 时，$\Delta U_o < 0$；U_{rm} 减小，M 减小，使输出电压 U_o 减到 U_o^*。如果电压调节器 VR 为 PI 调节器（无静差），则可使稳态时保持 $U_o = U_o^*$，即当电源电压 E 改变或负载改变而引起输出电压偏离给定值时，电压闭环控制可使输出电压 U_o 跟踪并保持为给定值 U_o^*。这种控制技术也称为 PWM 跟踪控制技术。

〔拓展学习〕

载波频率 f_c 与调制频率 f_r 之比称为调制比 N，即 $N = f_c/f_r$。在调制过程中可采用不同的调制比。调制可分为同步调制、异步调制和分段调制三种。

在同步调制中，N 为常数，一般取 N 为 3 的整数倍的奇数。这种方式可保持输出波形的三相之间对称。这种调制方式最高频率与最低频率输出脉冲数是相同的。另外低频时会显得 N 值过小，导致谐波含量变大，转矩波动加大。

在异步调制中，改变正弦波信号 f_r 的同时，三角波信号 f_c 的值不变。这种方式在低频时，N 值会加大，克服了同步调制中的频率不良现象。这种调制方式下由于 N 是变化的，会造成输出三相波形的不对称，使谐波分量加大。但随着功率器件性能的不断提高，如采用较高的频率工作，以上缺点就不突出了。

分段同步调制是将调制过程分成几个同步段调制，这样既克服了同步调制中的低频 N 值太低的缺点，又具有同步调制的三相平衡的优点。这种方式的缺点是在 N 值的切换点处会出现电压突变或振荡，可在临界点采用滞后区的方法克服。

分段同步调制的例子如图 2-64 所示。

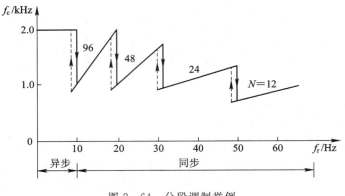

图 2-64   分段调制举例

4.4   光伏发电系统

我国光伏电池的市场走向将发生很大改变,即我国光伏发电的市场主流将会由独立发电系统转向并网发电系统。大功率的太阳能发电装置的发电量、功率转换效率、可靠性和成本都将面临挑战。

4.4.1   家用光伏发电系统

家用光伏发电系统是指供给无电或缺电的家庭、小单位等所使用的小型离网独立光伏发电系统。由于其具有灵活多样、功率小、安装方便的特点,既不占用额外土地,又有显著的减排生态效益,被广大边远地区的农牧民、边防海岛用户以及离公共电网较远区域的居民所接受,如图 2-65 所示。

图 2-65   家用光伏电站

家用光伏发电系统由光伏组件(多个光伏组件可构成太阳能光伏阵列)、蓄电池、光伏控制器和逆变器等组成,如图 2-66 所示。逆变器是把太阳能电池组件或者蓄电池输出的直流电转换成交流电供应给电网或者交流负载使用的设备。

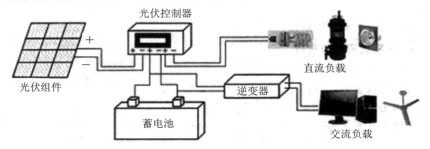

图 2-66   离网型光伏发电系统组成

1）光伏组件

太阳能光伏组件（如图 2-67 所示）既是光伏发电系统中的核心部分，也是光伏发电系统中价值最高的部分，其作用是将太阳的辐射能量转换为电能，并送往蓄电池中存储起来，也可以直接用于推动负载工作。

图 2-67　光伏组件

2）蓄电池

蓄电池的作用主要是存储太阳能光伏组件发出的电能，并可随时向负载供电。太阳能光伏发电系统对蓄电池的基本要求是自放电率低、使用寿命长、充电效率高、深放电能力强、工作温度范围宽、少维护或免维护以及价格低廉等。目前我国与太阳能光伏发电系统配套使用的蓄电池主要是铅酸蓄电池和镍镉蓄电池。当需要存储大容量电能时，就需要将多只蓄电池串、并联起来构成蓄电池组。如图 2-68 所示。

图 2-68　蓄电池组

3）光伏控制器

光伏控制器（如图 2-69 所示）是具有防止蓄电池过充放电、系统短路和极性反接、夜间防反充等保护功能的电子设备。由于蓄电池组过充电或过放电后将严重影响其性能和寿命，因此光伏控制器在太阳能光伏发电系统中是必不可少的。另外，光伏控制器还有光控开关、时控开关等工作模式，以及充电状态、蓄电池电量等各种工作状态的显示功能。在温差较大的地方，光伏控制器还具有温度补偿功能。

4）逆变器

逆变器是太阳能光伏发电系统中的另一个重要组成部分，其功能是将太阳能组件产生的直流电转换为交流电以供家庭或商业使用，如图 2-70 所示。在电气工程中，逆变器要与其输入电流和电压特性相适应，并为其提供适当的电源。此外，自动化技术可以用于逆变器的控制和监测,以最大化其效率和可靠性。逆变器按运行方式可分为独立运行逆变器和并网逆变器。

图 2-69 光伏控制器　　　　　　　图 2-70 光伏逆变器

4.4.2 并网光伏发电系统

并网光伏发电系统是指由多个光伏发电系统组成的电力发电系统,通过并网方式向电网供电,发电能力从几十千瓦到数百兆瓦不等,典型特征为不需要蓄电池,具有维护成本低的优势。并网光伏发电系统通常由太阳能电池阵列(光伏阵列)、光伏阵列防雷汇流箱、并网逆变器、变压器、交流配电柜、计算机监控系统等组成,如图 2-71 所示。

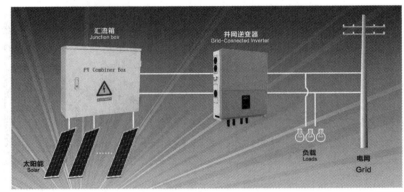

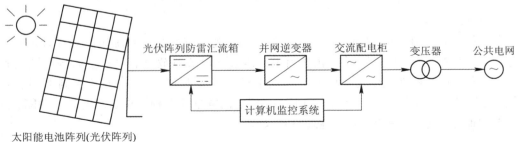

图 2-71 并网光伏发电站的系统组成

太阳能光伏组件构成的光伏阵列将太阳能转换成直流电能,通过光伏阵列防雷汇流箱汇流,再经并网逆变器将直流电转换成交流电,根据光伏发电站接入电网技术规定的光伏发电站容量,确定光伏发电站接入电网的电压等级,由变压器升压后,接入公共电网。

1)光伏阵列防雷汇流箱

在实际工程应用中,单块太阳能光伏组件并不能满足功率要求,常将若干个光伏组件按一定方式(串、并联)组装在支架上,形成太阳能电池阵列(Solar Array 或 PV Array),也称为光伏阵列。为了减少光伏阵列与逆变器之间的连线,一般在光伏阵列与逆变器之间增加光伏阵列防雷汇流箱,如图 2-72 所示。在光伏阵列防雷汇流箱里配置了光伏专用的直流防雷模块(如图 2-73 所示)、直流熔断器和断路器等电气部件,方便维护,提高可靠性和实用性。

(a) 外观图

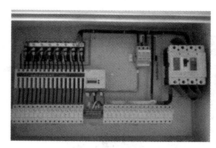
(b) 内部图

图 2-72 光伏阵列防雷汇流箱

图 2-73 直流防雷模块

2)并网逆变器

并网逆变器的作用是将电能转化为与电网同频、同相的正弦波电流,馈入公共电网,具有高效率、高可靠性、直流输入电压宽范围、正弦波输出失真度小等特点,如图 2-74 所示。

(a) 应用场景

(b) 内部结构

图 2-74 并网逆变器

3）交流配电柜

交流配电柜是用于实现并网逆变器输出电量的输出、监测、显示以及设备保护等功能的交流配电单元,如图2-75所示。交流配电柜可以将逆变器输出的交流电接入后,经过断路器接入电网,以保证系统的正常供电,同时还能对线路电能进行计量。通过交流配电柜为并网逆变器提供输出接口,配置输出交流断路器直接并网(或供交流负载使用),在太阳能光伏发电系统出现故障需要维修时,不会影响到太阳能光伏发电系统和电网(或负载)的安全,同时也保证了维修人员的人身安全。

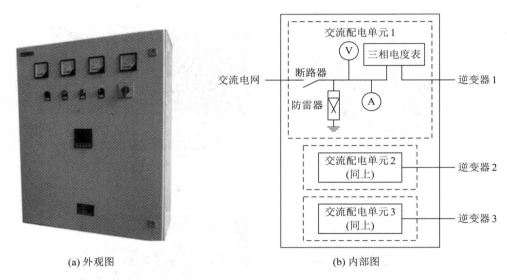

(a) 外观图　　　　　　　　　　　　　　(b) 内部图

图2-75　交流配电柜

4）计算机监控系统

计算机监控系统通过对光伏发电站的运行状态、设备参数、环境数据等进行监视、测量和控制,保障太阳能光伏发电系统的安全、可靠、经济运行。计算机监控系统一般分为站控层、网络层、间隔层3个层次,如图2-76所示。

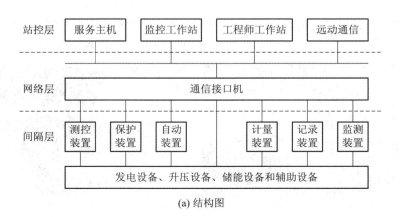

(a) 结构图

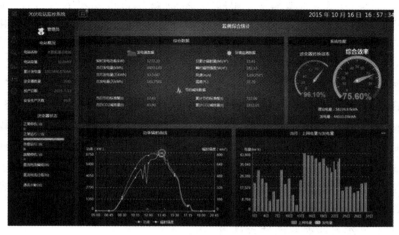

(b) 监控界面

图 2-76　计算机监控系统

4.5　逆变器的设计与仿真

逆变器本质是变频器，变频器是一种将一种频率的电源变换成另一种频率电源的器件。如变频器可以将直流电逆变成不同频率的交流电，也可以将交流电变换成直流电，或逆变成不同频率的交流电，甚至可以将一定频率的交流电变换成频率连续可调的交流电。通过变频器可以实现整流、直流斩波、逆变、交-交变频及交-直-交变频等。

4.5.1　逆变器概述

1. 逆变器的分类

逆变器的种类很多，可按照不同方法进行分类。这里仅介绍几种常见分类。

（1）按频率分类。按逆变器输出交流电能的频率，逆变器可分为工频逆变器、中频逆变器和高频逆变器。工频逆变器的频率为 50～60 Hz；中频逆变器的频率一般为 400 Hz～十 kHz；高频逆变器的频率一般为十几千赫到兆赫。工频是指交流电力系统的标称频率值，是电气质量的重要指标之一。

（2）按输出相数分类。按逆变器输出的相数，逆变器可分为单相逆变器、三相逆变器和多相逆变器。

（3）按电能去向分类。按逆变器输出电能的去向，逆变器可分为有源逆变器和无源逆变器。将逆变电路的交流侧接到交流电网上，把直流电逆变成同频率的交流电并反送到电网去，称为有源逆变器，主要用于直流电机的可逆调速、绕线型异步电机的串级调速、高压直流输电和太阳能发电等方面。将逆变器的交流侧不与电网连接，而是直接接到负载，即将直流电逆变成某一频率或可变频率的交流电供给负载称为无源逆变器。此类逆变器在交流电机变频调速、感应加热、不停电电源等方面应用十分广泛，是构成电力电子技术的重要内容。

（4）按电路形式分类。按逆变器主电路的形式，逆变器可分为单端式逆变器、推挽式逆变器、半桥式逆变器和全桥式逆变器。单端式逆变器是指只有一个晶体管或电子管负责处理信号的正负两个半周，而推挽式逆变器是指两个晶体管或电子管各负责处理信号的正负两个半周。

（5）按输出波形分类。按逆变器输出波形，逆变器可分为方波逆变器和正弦波逆变器。方波逆变器输出的交流电压波形为 50 Hz 方波，线路比较简单，使用的功率开关管数量少，设计功率一般在几十瓦至几百瓦之间，含有大量高次谐波，在以变压器为负载的用电器中将产生附加损耗，对收音机和某些通信设备也有干扰。此外，这类逆变器中有的调压范围不够宽，有的保护功能不够完善，噪声也比较大。正弦波逆变器的优点是输出波形好，失真度低，对通信设备无干扰，噪声也很低。此外，保护功能齐全，对电感型和电容型负载适应性强。缺点是线路相对复杂，对维修技术要求高，价格较贵。

2. 光伏发电系统对逆变器的技术要求

逆变器是光伏发电系统能量转换的核心，不仅要监测网源两侧的电力是否同步，还要具有最大功率追踪（MPPT）、孤岛效应及监测、低电压穿越等功能。掌握并网逆变器关键技术对推广并网光伏发电系统，实现节能减排有着十分重要的意义。光伏发电系统对逆变器的技术要求如下：

（1）要求具有较高的逆变效率。由于目前太阳电池的价格偏高，为了最大限度地利用太阳电池，提高系统效率，必须设法提高逆变器的效率。

（2）要求具有较高的可靠性。目前光伏发电系统主要用于边远地区，许多电站无人值守和维护，因此要求逆变器具有合理的电路结构，严格的元器件筛选，并要求逆变器具备各种保护功能，如输入直流极性接反保护，交流输出短路保护，过热、过载保护等。

（3）要求直流输入电压有较宽的适应范围。由于太阳电池的端电压随负载和日照强度而变化，蓄电池虽然对太阳电池的电压具有钳位作用，但由于蓄电池的电压随蓄电池剩余容量和内阻的变化而波动，特别是当蓄电池老化时其端电压的变化范围很大，如 12 V 蓄电池，其端电压可在 $10\sim16$ V 之间变化，因此要求逆变器必须在较大的直流输入电压范围内能正常工作，并保证输出电压稳定。

（4）在中、大容量的光伏发电系统中，逆变器的输出应为失真度较小的正弦波。这是由于在中、大容量系统中，若采用方波供电，则输出信号将含有较多的谐波分量，高次谐波将产生附加损耗，许多光伏发电系统的负载为通信或仪表设备，这些设备对供电品质有较高的要求。另外，当中、大容量的光伏发电系统并网运行时，为避免对公共电网的电力污染，也要求逆变器输出失真度满足要求的正弦波。

4.5.2 并网逆变器

并网太阳能光伏发电系统不需要经过蓄电池储能，而是直接通过并网逆变器将电能馈入公共电网，所以必须保持两组电源电压、相位、频率等电气特性的一致性，否则会造成两组电源相互间充、放电，引起整个电源系统内耗和不稳定。

1. 结构组成

典型的并网光伏发电系统包括光伏阵列、DC/DC 变换器、逆变器和集成的继电保护装置(PT)等,如图 2-77 所示。通过 DC/DC 变换器,可以在变换器和逆变器之间建立直流环。DC/DC 变换器根据电网电压的大小用来提升光伏阵列的电压以达到一个合适的水平,同时也作为最大功率点跟踪器,增大并网光伏发电系统的经济性能。逆变器用来向交流电网系统提供功率;继电保护装置可以保证并网光伏发电系统和电力网络的安全性。

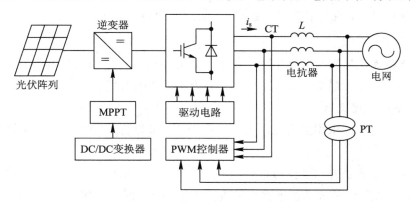

图 2-77　并网光伏发电系统结构框图

并网逆变器基本电路包含输入电路、输出电路、主逆变开关电路(简称主逆变电路)、控制电路、辅助电路和保护电路等模块,如图 2-78 所示。各模块作用如表 2-5 所示。

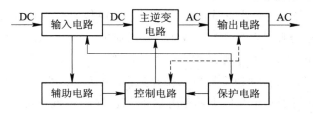

图 2-78　逆变器电路组成模块

表 2-5　逆变器电路组成模块功能说明

模块	作　　用
输入电路	为主逆变电路提供可确保其正常工作的直流工作电压
主逆变电路	通过半导体开关器件的导通和关断完成逆变的功能,是逆变器的核心模块,分为隔离式和非隔离式两大类;常用的半导体功率开关器件主要有晶闸管、大功率晶体管、功率场效应晶体管及功率模块等
输出电路	对主逆变电路输出的交流电的波形频率,电压、电流的幅值和相位等,进行修正、补偿、调理,使之能满足使用需求
控制电路	为主逆变电路提供一系列的控制脉冲来控制逆变开关器件的导通与关断,配合主逆变电路完成逆变功能
辅助电路	将输入电压变换成适合控制电路工作的直流电压,包含多种检测电路
保护电路	包括输入过电压、欠电压保护电路,输出过电压、欠电压保护电路,过载保护电路,过电流和短路保护电路,过热保护电路等

目前逆变器多数采用电力场效应晶体管(P-MOSFET)、绝缘栅极晶体管(IGBT)以及智能型功率模块(IPM)等多种先进且易于控制的大功率器件。控制逆变驱动电路也从模拟集成电路发展到单片机控制,甚至采用数字信号处理器(DSP)控制。先进的控制技术如矢量控制技术、多电平变换技术、重复控制技术、模糊逻辑控制技术等在逆变器中已得到应用,使逆变器向着高频化、节能化、全控化、集成化和多功能化方向发展。

2. 基本拓扑

根据有无隔离变压器,光伏并网逆变器可分为隔离型和非隔离型两种,其中隔离型又分为工频隔离型和高频隔离型,非隔离型又分为单级非隔离型和多级非隔离型。

1) 隔离型光伏逆变器

隔离型光伏逆变器根据隔离变压器的工作频率,可以将其分为工频隔离型和高频隔离型两类。

工频隔离型是光伏并网逆变器最常用的结构,也是目前市场上使用最多的光伏逆变器类型。工频变压器是工频隔离型逆变器的重要组成部分,同时完成电压匹配以及隔离功能,一方面,可以有效地防止人接触到直流侧的正极或负极电,降低电网电流通过桥臂形成回路对人构成伤害的可能性,提高了系统的安全性;另一方面,也保证了系统不会向电网注入直流分量,有效地防止配电变压器饱和。然而,工频变压器具有体积大、质量重、噪声高、效率低的缺点,它占逆变器总重量的 50% 左右,使得逆变器外形尺寸难以减小。另外,工频变压器的存在还增加了系统损耗、成本,并增加了运输、安装的难度。工频隔离型光伏并网逆变器常规的拓扑形式有单相结构、三相结构等。

单相工频隔离型光伏并网逆变器电路拓扑如图 2-79 所示,一般可采用全桥或半桥结构。这类单相结构常用于几千瓦以下功率等级的光伏并网系统,其中直流工作电压一般小于 600 V。

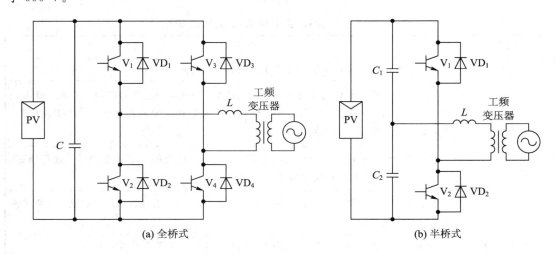

(a) 全桥式   (b) 半桥式

图 2-79 单相工频隔离型光伏并网逆变器电路拓扑

三相工频隔离型光伏并网逆变器电路拓扑如图 2-80 所示,一般可采用三相全桥或三电平半桥结构。这类三相结构常用于数十甚至数百千瓦以上功率等级的光伏并网系统。其中三相全桥结构的直流工作电压一般在 $450\sim820$ V，而三电平半桥结构的直流工作电压一般在 $600\sim1000$ V。另外三电平半桥结构可以取得更好的波形品质。

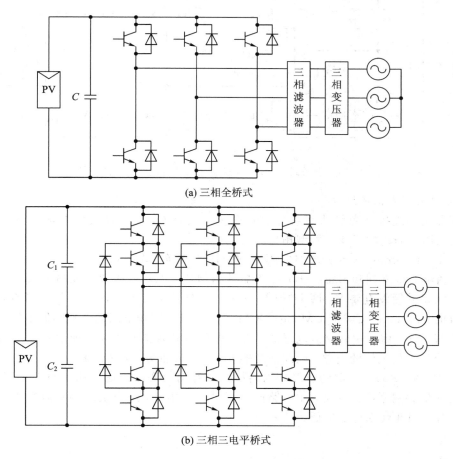

(a) 三相全桥式

(b) 三相三电平桥式

图 2-80　三相工频隔离型电路拓扑

随着电力电子技术的发展，为减小逆变器的体积和质量，高频隔离型光伏并网逆变器结构应运而生。在具体的电路结构上，高频隔离型光伏并网逆变器前级 DC/DC 部分可采用推挽式、半桥式以及全桥式变换电路形式，后级逆变器部分可采用半桥式和全桥式等变换电路形式。实际应用中可根据最终输出的电压等级以及功率大小确定合适的电路拓扑形式。一般而言，推挽式电路适用于低压输入变换场合，半桥和全桥电路适用于高压输入场合。

全桥式 DC/DC 变换型光伏并网逆变器电路由高频电压型全桥逆变器、高频变压器、桥式整流电路、直流滤波电感和全桥逆变器组成，如图 2-81 所示。首先高频电压型全桥逆变器采用 SPWPM 调制方式，将光伏阵列发出的直流电压逆变成双极性三电平 SPWM 高频脉冲信号；然后高频变压器将该信号升压后传输给后级桥式整流电路，电感滤波后，变换成半正弦波形；最后由全桥逆变器输出工频正弦波馈入电网。

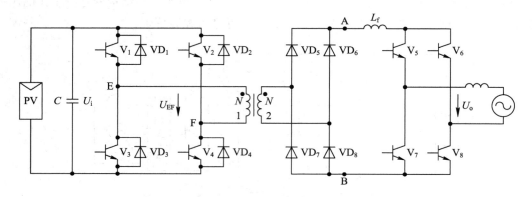

图 2-81 全桥式 DC/DC 变换型光伏并网逆变器电路拓扑

2）非隔离型光伏逆变器

为了尽可能地提高光伏并网系统的效率和降低成本，在不需要强制电气隔离的条件下，可以采用不隔离的无变压器型拓扑方案。

基于 Buck-Boost 电路的单级非隔离型光伏并网逆变器，其电路拓扑结构如图 2-82 所示，由两组光伏阵列和 Buck-Boost 型斩波器组成，无需变压器便能适配较宽的光伏阵列电压以满足并网发电要求。两个 Buck-Boost 型斩波器工作在固定开关频率的电流不连续状态(Discontinuous Current Mode，DCM)下，并且在工频电网的正负半周中控制两组光伏阵列交替工作。由于中间储能电感的存在，这种非隔离型光伏并网逆变器的输出交流端无需接入流过工频电流的电感，因此逆变器的体积、质量大为减小。

基于 Buck-Boost 电路的单级非隔离型光伏并网逆变器的输出功率小于 1 kW，主要用于用户光伏并网系统。系统的主电路比较简单，但由于每组光伏阵列只能在工频电网的半周内工作，因此效率相对较低。

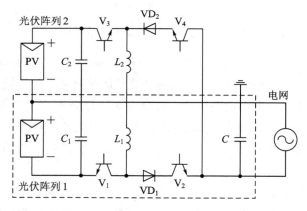

图 2-82 基于 Buck-Boost 电路的单级非隔离型光伏并网逆变器电路拓扑

在传统拓扑的非隔离式光伏并网系统中，太阳电池组件输出电压必须在任何时刻都大于电网电压峰值，所以需要光伏组件串联来提高光伏系统输入电压等级。但是多个光伏组件串联常常可能由于部分电池板被云层等外部因素遮蔽，导致光伏组件输出能量严重损失，输出电压跌落，无法保证输出电压在任何时刻都大于电网电压峰值，使整个光伏并网发电系统不能正常工作,而且只通过一级能量变换常常难以很好地同时实现最大功率跟踪和并网逆变两个功能。虽然上述基于 Buck－Boost 电路的单级非隔离型光伏并网逆变器能克服这一不足,但其需要两组光伏阵列连接并交替工作,对此可以采用多级变换的非隔离型光伏并网逆变器来解决这一问题。

通常多级非隔离型光伏并网逆变器的电路拓扑由两部分构成,即前级的 DC/DC 变换器以及后级的 DC/AC 变换器,如图 2－83 所示。

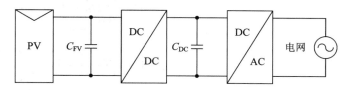

图 2－83　多级非隔离型光伏并网逆变器框图

多级非隔离型光伏并网逆变器的设计关键在于 DC/DC 变换器的电路拓扑选择,从 DC/DC 变换器的效率角度来看,Buck 和 Boost 变换器效率是最高的。由于 Buck 变换器是降压变换器,无法升压,因此若要并网发电,则必须使光伏阵列的电压要求匹配在较高等级,这将给光伏并网发电系统带来很多问题。因此 Buck 变换器很少用于光伏并网发电系统。Boost 变换器为升压变换器,从而可以使光伏阵列工作在一个宽泛的电压范围内,因而直流侧光伏组件的电压配置更加灵活。由于通过适当的控制策略可以使 Boost 变换器的输入端电压波动很小,提高了最大功率点跟踪的精度,同时 Boost 电路结构上与网侧逆变器下桥臂的功率管共地,因此驱动相对简单。可见,Boost 变换器在多级非隔离型光伏并网逆变器拓扑设计中是较为理想的选择。Boost 多级非隔离型光伏并网逆变器的主电路拓扑图如图 2－84 所示,该电路为双级功率变换电路。前级采用 Boost 变换器完成直流侧光伏阵列输出电压的升压功能以及系统的最大功率点跟踪(MPPT),后级 DC/AC 部分一般采用经典的全桥逆变电路完成系统的并网逆变功能。

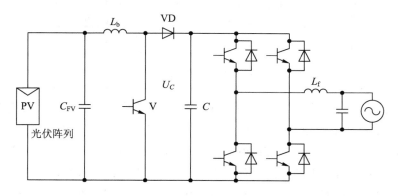

图 2－84　基于 Boost 多级非隔离型光伏并网逆变器拓扑

3. 电路设计

5 kW 的离网型光伏发电系统逆变器由光伏阵列模块、DC/DC 升压模块、IPM(智能功率模块)、TMS20F2812 DSP 控制模块、LC 滤波模块、保护电路和负载等部分组成,如图

2-85 所示。IPM(智能功率模块)作为逆变器的主电路，TMS320F2812 DSP 作为核心控制芯片完成 SPWM 的算法，驱动 IPM 模块实现 DC/AC 变换。各个模块功能说明如表 2-6 所示。

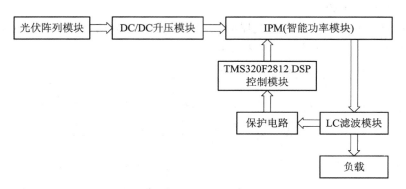

图 2-85　离网型光伏发电系统逆变器组成框图

表 2-6　离网型光伏发电系统逆变器各模块功能说明

模块名称	具 体 功 能
光伏阵列模块	太阳能光伏阵列是将太阳能转化成直流电后，通过充电控制器对蓄电池充电，将电能以化学能的形式储存在蓄电池中
DC/DC 升压模块	当光伏逆变器正常使用时，输出电压需要达到 AC220 V，所以在逆变之前要将直流电压抬升到 DC400 V 左右，此时需要升压模块来完成
IPM(智能功率模块)	IPM 是 DC/AC 变换及驱动于一体的性能非常优越的集成模块，只需要控制器发出合适的驱动信号就能很好地实现逆变功能
TMS320F2812 DSP 控制模块	以 TMS320F2812 DSP 作为核心的控制芯片完成 SPWM 算法的同时，驱动 IPM 模块实现 DC/AC 变换，并将采集的输出电压、电流分别与设定电压和电流比较，形成闭环系统，实现并提高逆变电压、电流的稳定输出
LC 滤波模块	由于经过 DC/AC 变换之后的交流输出回路中含有大量的高次谐波，因此必须进行 LC 滤波才能供负载稳定使用

限于篇幅关系，这里只重点讲解 DC/DC 升压模块，其他模块请查阅相关资料。

DC/DC 升压模块由专用脉宽调制芯片 TL494、变压器及外围电路组成，其结构简单，抗干扰能力强，可靠性高，电路原理如图 2-86 所示。TL494 内部集成了脉宽调制电路；片内置线性锯齿波振荡器，外置振荡元件仅两个(一个电阻和一个电容)；内置误差放大器；内置 5 V 参考基准电压源，可调整死区时间；内置功率晶体管可提供 500 mA 的驱动能力；推或拉两种输出方式。

TL494 集成脉宽调制器内部结构如图 2-87 所示。

电路设计时需要注意：① 逆变器和电池之间需要使用直流断路器进行保护；② 逆变器和电池之间可以使用直流负载开关进行控制。

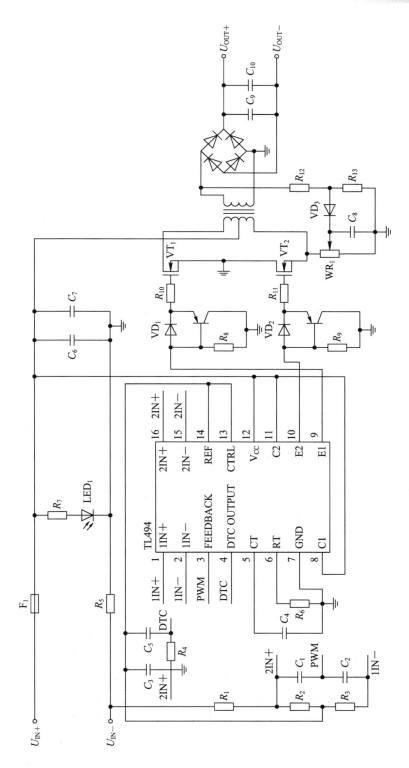

图 2 - 86　基于 TL494 组成的直流升压器原理图

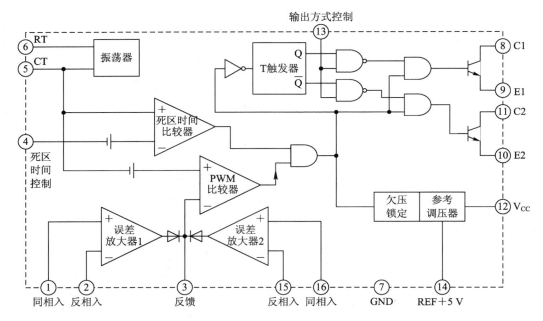

图 2-87   TL494 集成脉宽调制器内部结构

┤ 拓展学习 ├

　　在太阳能光伏并网发电过程中,由于太阳能光伏发电系统与电力系统并网运行,当电力系统由于某种原因发生异常而停电时,如果太阳能光伏发电系统不能随之停止工作或与电力系统分离,则会向电力输电线路继续供电,这种运行状态被形象地称为"孤岛效应"。特别是当太阳能光伏发电系统的发电功率与负载用电功率平衡时,即使电力系统断电,太阳能光伏发电系统输出端的电压和频率等参数不会快速随之变化,使太阳能光伏发电系统无法正确判断电力系统是否发生故障或中断供电,因而极易导致"孤岛效应"现象的发生。"孤岛效应"对设备和人员的安全存在重大隐患。为了确保维修人员的安全,在逆变器电路中,检测出太阳能光伏发电系统单独运行状态的功能称为单独运行检测。检测出单独运行状态,并使太阳能光伏发电系统停止运行或与电力系统自动分离的功能就叫作单独运行停止或孤岛效应防止。

　　针对有可能发生的孤岛效应,并网逆变器一般会采用被动和主动两种方式进行防护:一是被动式防护,当电网中断供电时,会在电网电压的幅值、频率和相位参数上产生跳变信号,通过检测跳变信号来判断电网是否失电;二是主动式防护,对电网参数发出小干扰信号,通过检测反馈信号来判断电网是否失电。一旦并网逆变器检测到并确定电网失电后,会立即自动运行"电网失电自动关闭功能"。当电网恢复供电时,并网逆变器会在检测到电网信号后持续等待 90 s,待电网完全恢复正常后才开始运行"电网恢复自动运行功能"。由于离网逆变器没有与电网产生关系,故不需要考虑这些,而并网逆变器要与电网发生作用,在设计中需要考虑到电网的因素,故在技术上要求比较高。并网逆变器区别于离网逆变器的一个重要特征是必须进行"孤岛效应"防护。

4.5.3　仿真验证

光伏逆变器的电路拓扑如图 2-88 所示，该电路结构是多级非隔离型光伏并网逆变器电路拓扑结构，是由太阳能光伏阵列、Boost 升压电路、逆变电路以及触发脉冲电路所组成。其中太阳能光伏阵列作为电源使用，为电路工作提供电压。太阳能光伏阵列输出的电压经 Boost 升压电路升压处理，然后再经逆变电路转化为交流电输入到电网进行电能储存及使用。

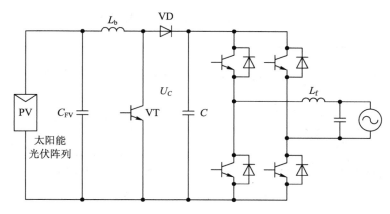

图 2-88　光伏逆变器电路拓扑图

光伏逆变电路中的触发脉冲电路分为 Boost 控制电路和逆变电路的 PWM 信号产生电路两个部分。其中 Boost 控制电路需要用到 MPPT 算法，MPPT 算法在上文中有详细讲解，逆变电路的 PWM 信号产生电路在本仿真案例中选取方波电源作为触发脉冲控制器进行讲解。下面将光伏逆变电路的仿真分为 4 个步骤进行讲解。

1. 仿真模型搭建

（1）打开 PSIM 软件，新建一个仿真电路原理图设计文件。

（2）根据图 2-88 所示的电路拓扑图，从 PSIM 元件库中选取光伏逆变器主电路所需的太阳能光伏阵列、电感、电容、二极管、MOSFET 管、IGBT 以及负载电阻等元件，控制电路所需的触发脉冲驱动器，放置于电路设计图中。放置元件的同时调整元件的位置及方向，以便后续进行电路连接。

（3）利用 PSIM 中的画线工具，按照对应的电路拓扑图将电路连接起来，组建成仿真电路模型。画线时可适当调整元件位置及方向，令所搭建的仿真模型更加美观。

（4）放置测量探头，测量需要观察的电压、电流等参数。本仿真案例中放置的电压与电流探头可用来测量太阳能光伏阵列输出电压和电流，以及逆变完成后的电压和电流等多个参数。光伏逆变器仿真模型的前端升压选用 Boost 拓扑，后级逆变选择 H4 拓扑。搭建完成后的光伏逆变器主电路仿真模型如图 2-89 所示。

控制电路仿真模型分为两部分，一部分是 Boost 控制电路仿真模型，另一部分是逆变电路的 PWM 信号产生电路仿真模型，如图 2-90 所示。

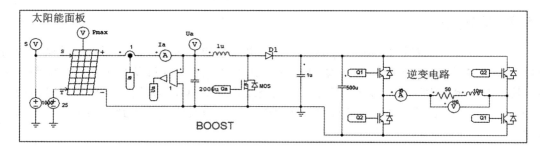

图 2-89　光伏逆变器主电路仿真模型

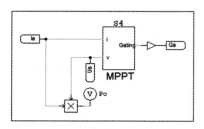

(a) BOOST 控制电路仿真模型

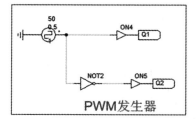

(b) 逆变器控制电路仿真模型

图 2-90　控制电路仿真模型

S4 模块为 MPPT 算法模块,内部电路仿真模型如图 2-91 所示。

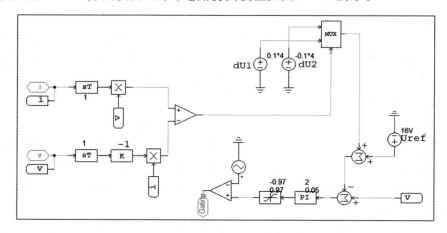

图 2-91　MPPT 算法模块内部电路仿真模型

2. 电路元件参数设置

本仿真案例中将太阳能光伏阵列的环境温度设置为 25℃,光强输入设置为 1000 W/m²,太阳能模块参数设置如图 2-92 所示。Boost 升压电路的电感设置为 1 μH;太阳能光伏阵列输出侧电容设置为 2000 μF;升压输出侧电容设置为 1 μF;逆变电路滤波电容设置为 500 μF,逆变电路输出侧的电阻设置为 50 Ω,电感设置为 10 mH;其他未提及参数均采用默认设置。控制电路的参数设置以及整个电路的电压探头与电流探头的命名见各个控制电路的分块图。

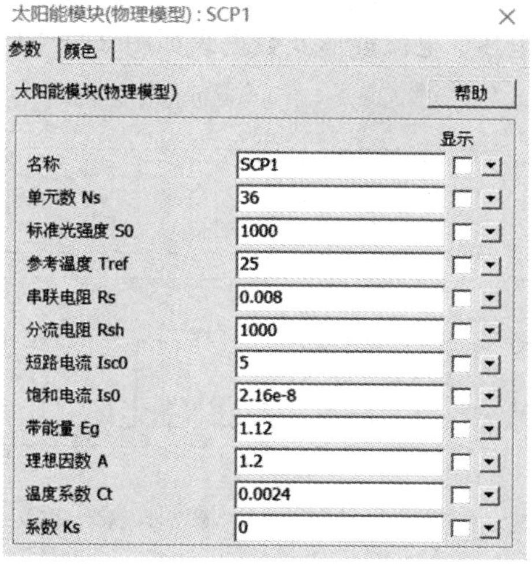

图 2-92　太阳能模块仿真参数设置

3. 电路仿真

完成仿真模型的搭建后，放置仿真控制元件，并设置仿真控制参数。在此仿真案例中仿真步长设置为 1 μs，仿真总时间设置为 0.4 s，其他参数保持默认配置。参数设置完成后即可运行仿真。

4. 仿真结果分析

在仿真结束后，PSIM 自动启动 Simview 波形显示窗口。将电路模型中所需要测量参数分别添加到波形显示窗口，观察并分析仿真结果。运行仿真后得到太阳能光伏阵列的输出电压为 15.7 V，输出电流为 4.89 A，输出功率为 76.9 W。输出仿真波形图及仿真数据表如图 2-93 所示。

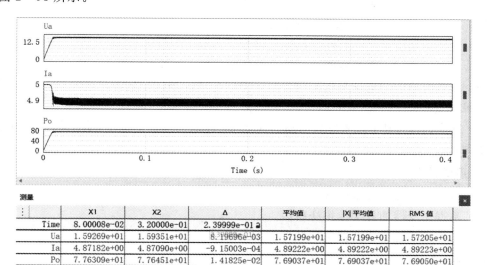

测量	X1	X2	Δ	平均值	|X| 平均值	RMS 值
Time	8.00008e-02	3.20000e-01	2.39999e-01			
Ua	1.59269e+01	1.59351e+01	8.19896e-03	1.57199e+01	1.57199e+01	1.57205e+01
Ia	4.87182e+00	4.87090e+00	-9.15003e-04	4.89222e+00	4.89222e+00	4.89223e+00
Po	7.76309e+01	7.76451e+01	1.41825e-02	7.69037e+01	7.69037e+01	7.69050e+01

图 2-93　仿真波形及数据表

太阳能光伏阵列输出电压升压后经逆变器转化为交流电压,输出电压为 60.4 V,输出电流为 1.18 A。仿真输出电压、电流波形及数据表如图 2-94 所示。

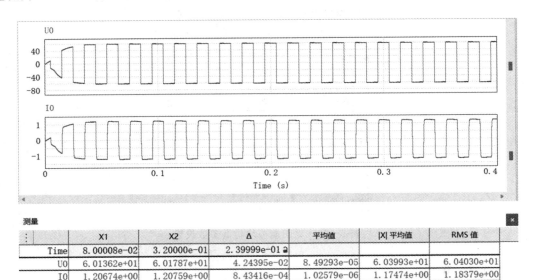

测量	X1	X2	Δ	平均值	|X| 平均值	RMS 值
Time	8.00008e-02	3.20000e-01	2.39999e-01			
U0	6.01362e+01	6.01787e+01	4.24395e-02	8.49293e-05	6.03993e+01	6.04030e+01
I0	1.20674e+00	1.20759e+00	8.43416e-04	1.02579e-06	1.17474e+00	1.18379e+00

图 2-94　逆变后的仿真输出电压、电流波形及数据表

通过观察逆变后的结果可知所设计的光伏逆变器能够完成将太阳能转化为电能的基本功能。本仿真实验所设计的小功率光伏逆变器转化效率为 92.7%,实验效果较为理想。

4.6　逆变器的组装与调试

逆变器控制参数的设置对逆变器的性能和稳定性有关键影响,包括 PWM 频率、占空比、电流限制、电压控制等。

操作过程中需要根据具体的逆变器注意以下几点:

(1)逆变器和电池之间的连接应该正确无误。

(2)在操作过程中需要穿戴上绝缘手套和绝缘鞋,以确保安全。

(3)测量电路中的电压和电流时,需要使用合适的测试仪器,并且遵循使用说明书中的安全操作规程。

(4)在操作过程中,如果发现电路出现异常,应该立即停止操作,并且检查电路的连接是否正确。

1. 实践目标

(1)掌握逆变器的基本原理与组成。

(2)掌握逆变器的分类及拓扑结构。

(3)能够熟练进行逆变器电路的连接与调试。

2. 实践器材

逆变器电路所需的元器件清单如表 2-7 所示。

表 2-7　逆变器电路所需的元器件清单

元 器 件	数 量
绝缘栅双极型晶体管 735346	4
电力电子负载 73509	1
15 V 直流电源供应模块 72686	1
参考变量发生器 73402	1
PWM 控制单元 735341	1
直流电源	1
示波器	1
万用表	1

3. 实践步骤

1）电路布局

为方便接线以及后续的检查，需要对逆变器电路各模块进行合理布局，具体布局注意事项见 1.5 节所述。完成后的逆变器电路布局图如图 2-95 所示。

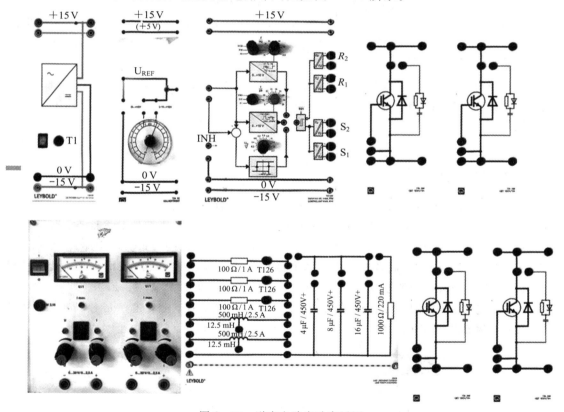

图 2-95　逆变电路实验布局图

2）电路连接与检查

布局完成后，在如图 2-95 所示的布局图中进行模拟接线。接线注意事项详见 1.5 节。电路连接完成后应对电路进行仔细检查，确保接线正确。

3）电路上电与调试

接线完成后通电进行测试。

项目 3　电力电子技术在电动汽车电控系统中的应用

时代背景

　　能源可持续发展与环境保护是 21 世纪全球面临的重大挑战，同时节约能源和保护环境两大战略极大地促进了新型汽车技术的迅速发展。

　　汽车自产生以来，为人类提供了诸多便利。但汽车能源消耗是造成大气污染和温室效应的主要原因，也是造成全球石油危机的重要原因。面对严峻的形势，新型节能环保型汽车的研发得到了各国政府和汽车公司的高度关注和大力支持，电动汽车（Electric Vehicle，EV）已成为汽车能源动力转型的优先选择。

　　绿色发展是二十大精神的核心要求之一。电动汽车代表了汽车行业的创新。相比燃油汽车，电动汽车的尾气排放更低，可以减少空气污染和温室气体排放，推动绿色出行实现可持续发展。

项目简介

　　电动汽车分为纯电动汽车（蓄电池电动汽车）、混合动力汽车和燃料电池汽车 3 种。在这 3 种电动汽车中，纯电动汽车由于其零排放、结构简单、能源来源便捷等优点，已经被越来越多的人接受。纯电动汽车配套设施如充电桩等也在紧锣密鼓的布局之中。

　　纯电动汽车一般采用高效率充电动力电池作为动力源，不需要内燃机，因此其电机相当于传统燃油汽车的发动机，动力电池相当于传统燃油汽车的油箱，其结构图如图 3－1 所示。电控、电机、电池是电动汽车的三大关键技术。其中动力电池储电量是有限的，提升电机的效率，降低电机的耗电量，则可以增加蓄电池的使用时长。

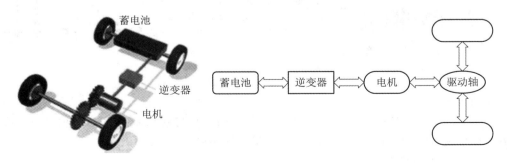

图 3－1　纯电动汽车结构图

电动汽车驱动系统的设计、仿真与实践

电机及其驱动控制技术作为电动汽车执行层的底层控制，一直是业界的研究热点。电动汽车最早采用了直流电机系统，特点是成本低、控制简单，但重量大，需要定期维护。随着电力电子技术、自动控制技术、计算机控制技术的发展，交流电机（异步电机及永磁电机在内）系统表现出更加优越的性能，已逐步取代了直流电机系统。

5.1　带隔离的直流/直流变换电路

直流斩波电路的输入输出之间存在直接电连接，然而许多应用场合要求输入和输出实现电隔离。带隔离的直流/直流（DC/DC）变换电路又称为间接直流变换电路，它在基本直流变换电路中引入了隔离变压器，使电源与负载之间实现电气隔离，提高了电路运行的安全可靠性和电磁兼容性。带隔离的直流/直流变换电路还可以提供相互隔离的多路输出，实现输入输出电压比很大或很小的需求。带隔离的直流/直流变换电路中引入的隔离变压器一般为高频变压器，采用高频磁芯绕制而成。常用的带隔离的直流/直流变换电路有正激变换电路、反激变换电路、推挽变换电路、半桥变换电路和全桥式变换电路等。

5.1.1　正激变换电路

1. 电路组成与工作原理

如图 3-2(a) 所示，在直流降压斩波电路的虚线位置处增加隔离变压器，并变动开关的位置，即可得到正激变换电路。有复位绕组的单开关正激变换电路由电源 E、隔离变压器 T、开关 S、二极管 VD_1 和 VD_2、滤波电感 L 和电容 C、负载电阻 R_L 等组成，如图 3-2(b) 所示。隔离变压器有三个绕组：原边绕组 W_1，匝数为 N_1；副边绕组 W_2，匝数为 N_2；复位绕组 W_3，匝数为 N_3。绕组中标有"·"的一端为同名端。电路中隔离变压器不仅起电气隔离作用，还起储能电感的作用。滤波电感 L、电容 C 和续流二极管 VD_2 保证了输出电流的连续和平稳。开关 S 可选用 IGBT 等全控型电力电子器件。

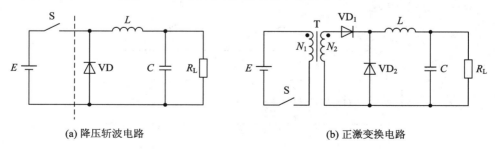

(a) 降压斩波电路　　　　　　　　　　(b) 正激变换电路

图 3-2　正激变换电路演变过程

一个开关周期内正激变换电路的工作过程如图 3-3 所示，电路工作波形如图 3-4 所示。具体分析如下：

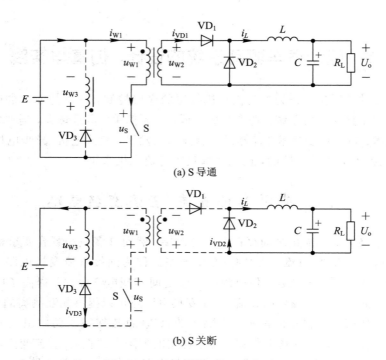

(a) S 导通

(b) S 关断

图 3-3 正激变换电路的工作过程

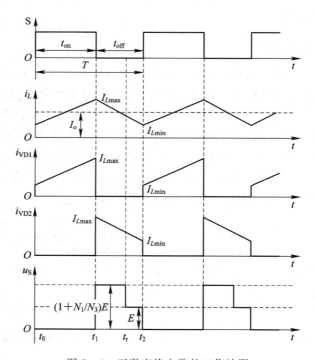

图 3-4 正激变换电路的工作波形

$t_0 \sim t_1$ 期间:t_0 时刻,开关 S 导通,隔离变压器原边绕组 W_1 中产生上正下负的电压 u_{W1},同时将能量传递到副边绕组。根据变压器同名端的关系,副边绕组 W_2 中也产生上正

下负的电压 u_{W2}，二极管 VD$_1$ 导通，VD$_2$ 截止，电感 L 中的电流 i_L 逐渐增大，储存在电感中的能量释放给负载；复位绕组 W$_3$ 的电压 u_{W3} 极性是上负下正，二极管 VD$_3$ 承受反压而截止。

$t_1 \sim t_2$ 期间：t_1 时刻，开关 S 关断，电压 u_{W1}、u_{W2} 变为上负下正，二极管 VD$_1$ 截止；电感 L 中电流 i_L 通过二极管 VD$_2$ 续流并逐渐下降，储存在电感中的能量释放给负载；根据同名端的关系，复位绕组 W$_3$ 电压 u_{W3} 为上正下负，二极管 VD$_3$ 导通，变压器原边储存的能量经复位绕组 W$_3$ 和二极管 VD$_3$ 流回电源端。

值得注意的是变压器的磁芯复位问题。开关 S 导通时，变压器的励磁电流由零开始增加，且随着时间的推移线性增长。开关 S 关断到下次再导通时，励磁电流必须下降到零。否则，在下一个开关周期中，励磁电流将在本周期结束时的剩余值的基础上继续增加，并在以后的开关周期中不断累积，最后使变压器磁芯饱和。磁芯饱和后变压器绕组电流将会迅速增大而损坏电路中的开关器件。

┌─ **应用案例** ─┐

由 PWM 控制器 TL494 构成的开关电源电路如图 3-5 所示，主电路为正激变换电路，开关频率为 100 kHz，输出功率为 150 W，具体工作原理请读者查阅相关资料。

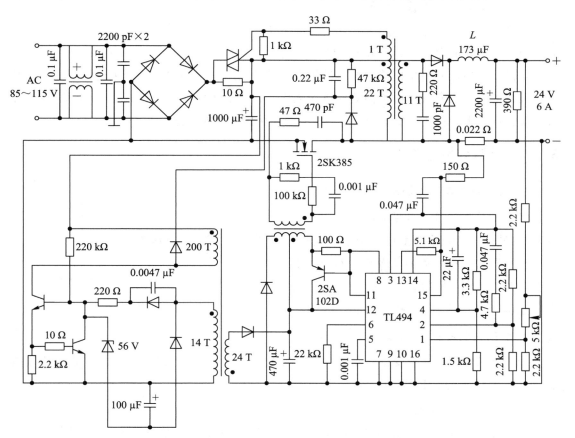

图 3-5　由 TL494 构成的开关电源电路

2. 数量关系

在滤波电感 L 电流连续的情况下,输出电压为

$$U_{\text{o}} = \frac{N_2}{N_1} \times \frac{t_{\text{on}}}{T} E = \frac{N_2}{N_1} k E \qquad (3-1)$$

式中:k 为占空比;N_1、N_2 分别为变压器绕组 W_1 与 W_2 的匝数。

在滤波电感 L 电流不连续的情况下,输出电压 U_{o} 随负载电流减小而升高,在负载为零的极限情况下有

$$U_{\text{o}} = \frac{N_2}{N_1} E \qquad (3-2)$$

从开关管关断到绕组 W_3 的电流下降到零的时间为

$$t_{\text{r}} = \frac{N_3}{N_1} t_{\text{on}} \qquad (3-3)$$

如图 3-4 所示,$t_1 \sim t_{\text{r}}$ 期间,开关管承受的电压为

$$u_{\text{S}} = \left(1 + \frac{N_1}{N_3}\right) E \qquad (3-4)$$

$t_{\text{r}} \sim t_2$ 期间,开关管承受的电压为

$$u_{\text{S}} = E \qquad (3-5)$$

式中 N_1、N_3 分别为变压器绕组 W_1 与 W_3 的匝数。

正激变换电路具有电路简单可靠的优点,广泛应用于较小功率的开关电源中。由于其变压器铁芯工作点只在其磁化曲线的第一象限,因此变压器铁芯未得到充分利用。在对开关电源体积、质量和效率要求较高时,不适合采用正激变换电路。

5.1.2　反激变换电路

1. 电路组成与工作原理

将直流升降压变换电路(如图 2-11 所示)中的储能电感更换为变压器绕组,整理绕组电感的同名端和开关的位置后可得到反激变换电路,如图 3-6 所示,它由电源 E、隔离变压器 T、开关 S、二极管 VD_1 和 VD_2、滤波电感 L 和电容 C、负载电阻 R_L 等组成。

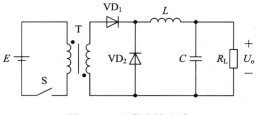

图 3-6　反激变换电路

开关 S 关断时,根据变压器副边绕组中的电流是否为零,反激变换电路存在电流连续和电流断续两种工作模式。

1) 电流连续工作模式

一个开关周期内反激变换电路的工作过程如图 3-7 所示,电路工作波形如图 3-8 所示。具体分析如下:

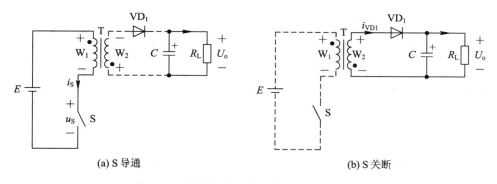

(a) S 导通   (b) S 关断

图 3-7   反激变换电路电流连续时工作过程

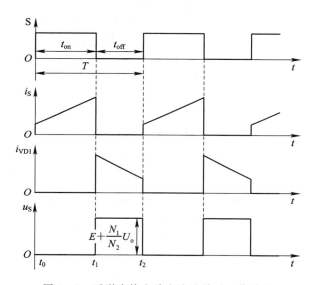

图 3-8   反激变换电路电流连续时工作波形

$t_0 \sim t_1$ 期间：t_0 时刻，开关 S 导通，根据绕组间同名端关系，副边绕组 W_2 上的电压极性为上负下正，二极管 VD_1 反向偏置而截止，变压器原边电流 i_S 线性增长，变压器储能增加。

$t_1 \sim t_2$ 期间：t_1 时刻，开关 S 关断，副边绕组 W_2 上的电压极性为上正下负，二极管 VD_1 导通，电流 i_S 被切断，变压器在 $t_0 \sim t_1$ 时段储存的磁场能量通过变压器副边绕组 W_2 和二极管 VD_1 向负载释放。

2）电流断续工作模式

一个开关周期内电路的工作过程如图 3-9 所示，电路工作波形如图 3-10 所示。具体分析如下：

$t_0 \sim t_1$ 期间：变压器储能过程同上。

$t_1 \sim t_2$ 期间：变压器释能过程同上。t_2 时刻，变压器中的磁场能量释放完毕，二极管 VD_1 截止。

$t_2 \sim t_3$ 期间：变压器原边绕组 W_1 和副边绕组 W_2 中电流均为零，电容 C 向负载提供能量。

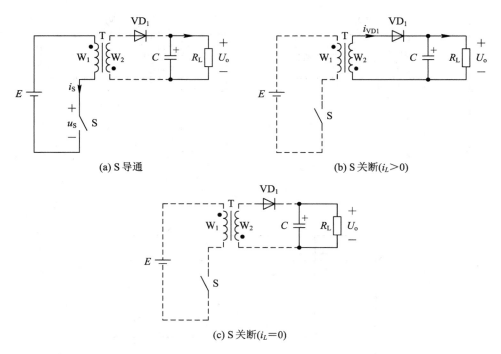

(a) S 导通　　　　　　　　　　　(b) S 关断($i_L>0$)

(c) S 关断($i_L=0$)

图 3-9　反激变换电路电流断续时工作过程

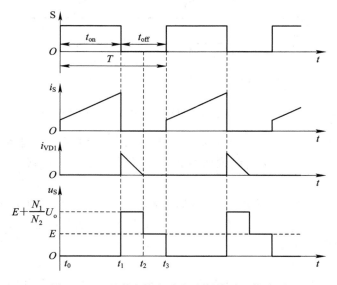

图 3-10　反激变换电路电流断续时工作波形

┌─ **应用案例** ─┐

　　由单端输出式脉宽调制器 UC3842 构成的反激变换式开关电源电路如图 3-11 所示。电路工作过程分析请读者查阅相关资料。

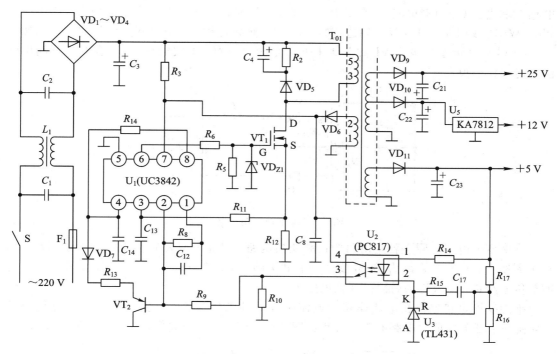

图 3-11　UC3842 构成的反激变换式开关电源电路

2. 数量关系

电路工作在电流连续模式时，输出电压为

$$U_{\circ} = \frac{N_2}{N_1} \times \frac{t_{\text{on}}}{t_{\text{off}}} E = \frac{N_2}{N_1} \times \frac{k}{1-k} E \qquad (3-6)$$

式中：k 为占空比；N_1、N_2 分别为变压器绕组 W_1 与 W_2 的匝数。

由上述分析可见，反激变换电路和升降压变换电路的输入/输出电压关系差别也仅在于变压器的变比。但反激电路输入/输出电压极性相同，升降压变换电路的输入/输出电压极性相反。

反激变换电路在工作中变压器绕组 W_1 和 W_2 不会同时有电流流过，不存在磁动势相互抵消的可能，因此变压器磁芯的磁通密度取决于绕组中电流的大小。反激变换电路在电流断续模式工作时，变压器磁芯的利用率较高、较合理，因此，工程设计时应保证反激变换电路工作在电流断续方式。

开关 S 关断时其两端承受电压为

$$u_{\text{S}} = E + \frac{N_1}{N_2} U_{\circ} \qquad (3-7)$$

式中：$U_{\circ}$ 为输出电压；N_1、N_2 分别为变压器绕组 W_1 与 W_2 的匝数。

5.1.3　推挽变换电路

1. 电路组成与工作原理

推挽变换电路由电源 E、隔离变压器 T、开关 S_1 和 S_2、整流二极管 VD_1 和 VD_2、滤波

电感 L 和电容 C、负载电阻 R_L 等组成,如图 3-12 所示。变压器具有中间抽头,原边绕组 W_{11}、W_{12} 匝数相等,均为 N_1;副边绕组 W_{21}、W_{22} 匝数也相等,均为 N_2。绕组间同名端如图 3-12 中"·"所示。二极管 VD_1、VD_2 构成全波整流电路,滤波电感 L、电容 C 保证输出电流的连续和平稳。

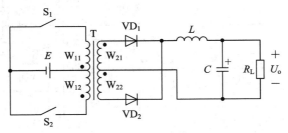

图 3-12　推挽变换电路

推挽变换电路实际上就是由两个正激变换电路组成的,只是它们工作的相位相反。在每个周期中,两个开关管 S_1 和 S_2 交替导通和关断,在各自导通的半个周期内,开关分别将能量传递给负载,故称为"推挽"变换电路。

推挽变换电路也存在电流连续和电流断续两种工作模式。电路工作于电流连续模式时,在一个开关周期内电路的工作过程如图 3-13 所示,工作波形如图 3-14 所示。

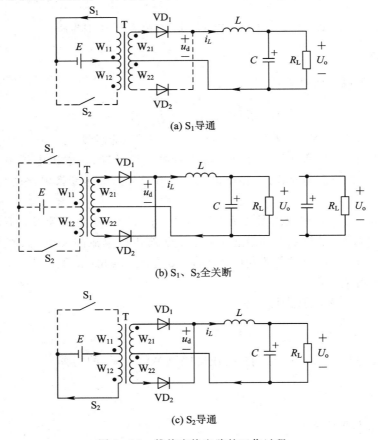

(a) S_1 导通

(b) S_1、S_2 全关断

(c) S_2 导通

图 3-13　推挽变换电路的工作过程

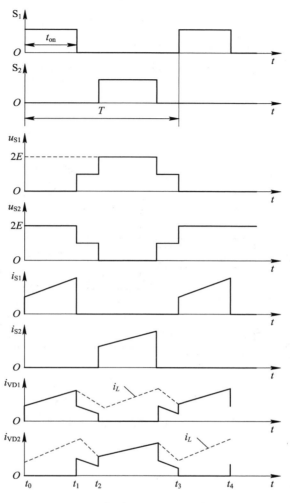

图 3-14　推挽变换电路的工作波形

$t_0 \sim t_1$ 期间：开关 S_1 导通，电源电压 E 加到原边绕组 W_{11} 两端。根据绕组间同名端关系，变压器两个副边的电压极性均为上正下负，二极管 VD_1 正向偏置导通，二极管 VD_2 反向偏置截止，电感电流 i_L 流经副边绕组 W_{21} 线性上升。

$t_1 \sim t_2$ 期间：开关 S_1 和 S_2 都关断，原边绕组 W_{11} 中的电流为零。根据变压器磁动势平衡方程，变压器两个副边绕组中电流大小相等、方向相反，二极管 VD_1 和 VD_2 都导通，各分担一半的电流，即 $i_{VD1} = i_{VD2} = i_L/2$，电感电流 i_L 线性下降。

$t_2 \sim t_3$ 期间：开关 S_2 导通，二极管 VD_2 正向偏置导通，二极管 VD_1 反向偏置截止，电感电流 i_L 流经副边绕组 W_{22} 线性上升。

$t_3 \sim t_4$ 期间：与 $t_1 \sim t_2$ 时段的电路工作过程相同。

推挽变换电路中，如果 S_1 和 S_2 同时导通，就相当于变压器一次绕组短路。为避免两个开关同时导通，每个开关各自的占空比不能超过 50%，并留有一定的裕量。

应用案例

由 TL494 构成的开关电源电路如图 3－15 所示。集成电路 TL494 驱动两只开关管 VT_1 和 VT_2 推挽工作（开关频率约 100 kHz），通过开关变压器 T_1 升压，再经整流滤波获得 400 V 输出电压。

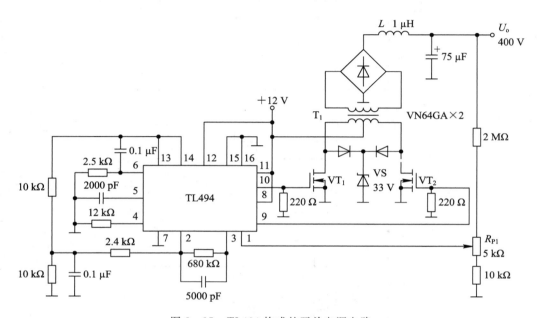

图 3－15　TL494 构成的开关电源电路

2. 数量关系

当滤波电感 L 电流连续时，输出电压为

$$U_o = \frac{N_2}{N_1} \frac{2\,t_{on}}{T} E = 2k \frac{N_2}{N_1} E \tag{3-8}$$

式中：k 为占空比；N_1、N_2 分别为原边与副边绕组的匝数。

当滤波电感的电流不连续时，输出电压 U_o 随负载减小而升高，在负载为零的极限情况下，有

$$U_o = \frac{N_2}{N_1} E \tag{3-9}$$

在推挽变换电路中，还必须注意变压器的磁芯偏磁问题。开关 S_1 和 S_2 交替导通，使变压器磁芯交替磁化和去磁，完成能量从变压器原边到副边的传递。由于电路不可能完全对称，例如开关 S_1 和 S_2 的开通时间可能不同，或开关 S_1 和 S_2 导通时的通态压降可能不同，会在变压器原边的高频交流上叠加一个数值较小的直流电压，这就是所谓的直流偏磁。由于原边绕组电阻很小，即使是一个较小的直流偏磁电压，如果作用时间太长，也会使变压器磁芯单方向饱和，引起较大的磁化电流，导致器件损坏，因此只能靠精确的控制信号和电路元器件参数的匹配来避免电压直流分量的产生。

5.1.4　半桥变换电路

1. 电路组成与工作原理

半桥变换电路由电源 E、变压器 T、开关 S_1 和 S_2、输入电容 C_1 和 C_2、二极管 VD_1 和 VD_2、滤波电感 L 和电容 C、负载电阻 R_L 等组成，如图 3-16 所示。变压器副边具有中间抽头，原边绕组 W_1 的匝数为 N_1；副边绕组 W_{21} 和 W_{22} 匝数相等，均为 N_2。绕组间同名端如图 3-16 中"·"所标识。开关 S_1 和 S_2 构成一个桥臂；两个容量相等的电容 C_1 和 C_2 构成另一个桥臂，电容 C_1 和 C_2 的容量较大，故 $U_{C1} = U_{C2} = E/2$。变压器副边电路同推挽变换电路，此处不再赘述。

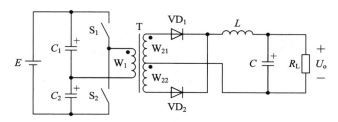

图 3-16　半桥变换电路

一个开关周期内电路的工作过程如图 3-17 所示，工作波形如图 3-18 所示。

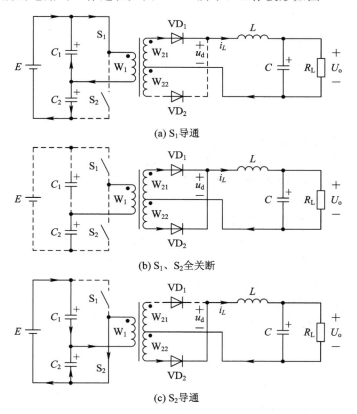

(a) S_1 导通

(b) S_1、S_2 全关断

(c) S_2 导通

图 3-17　半桥变换电路的工作过程

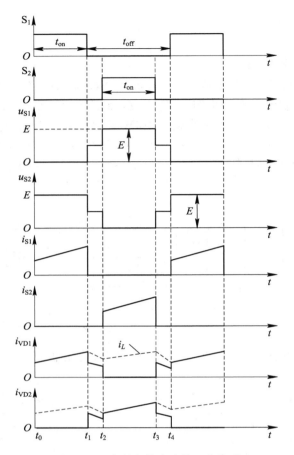

图 3-18　半桥变换电路的工作波形

$t_0 \sim t_1$ 期间：开关 S_1 导通，电容 C_1 加到原边绕组 W_1 两端放电，根据绕组间同名端关系，变压器两个副边的电压极性均为上正下负，二极管 VD_1 正向偏置导通，二极管 VD_2 反向偏置截止，电感 L 的电流 i_L 流经副边绕组 W_{21} 线性上升。

$t_1 \sim t_2$ 期间：开关 S_1 和 S_2 都关断，分析过程同推挽变换电路。

$t_2 \sim t_3$ 期间：开关 S_2 导通，电容 C_2 加到原边绕组 W_1 两端，VD_2 导通，VD_1 截止，电感 L 电流 i_L 流经副边绕组 W_{22} 线性上升。

$t_3 \sim t_4$ 期间：与 $t_1 \sim t_2$ 期间的电路工作过程相同。

由于电容的隔离作用，半桥变换电路对由于两个开关导通时间不对称而造成的变压器一次电压的直流分量有自动平衡作用，因此不容易发生变压器的偏磁和直流磁饱和。

为了避免上下两开关在换流的过程中发生短暂的同时导通现象而造成短路，损坏开关器件，每个开关各自的占空比不能超过 50%，并应留有一定的裕量。

╭─ 应用案例 ─╮

由 TL494 构成的 100 W 开关电源电路如图 3-19 所示。工频 50 Hz、220 V 市电分两路：一路经 C_1 降压，又经过 $VD_1 \sim VD_2$ 全波整流，给集成电路 TL494 提供工作电压，C_2、C_3 为滤波电容；另一路经 $VD_7 \sim VD_{10}$ 全波整流，再经 C_7 滤波后提供近 300 V 直流电压。

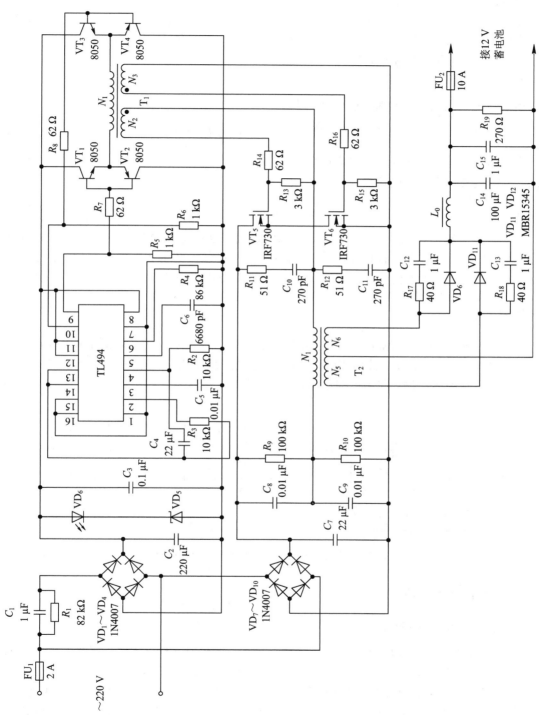

图 3 - 19　由 TL494 构成的 100 W 开关电源电路

集成电路 TL494 的 9、10 脚输出方波,通过晶体管 VT_1、VT_2、VT_3、VT_4 组成互补对称 BTL 功率放大电路放大后驱动高频变压器 T_1 的原边绕组 N_1,变压器副边 N_2、N_3 输出的信号分别驱动开关管 VT_5、VT_6。VT_5、VT_6 与分压电容 C_8 和 C_9 的中点之间构成工作频率为 200 kHz 半桥变换电路,通过输出变压器 T_2 降压,并经 VD_6、VD_{11} 全波整流,L_0、C_{14}、C_{15} 滤波,输出直流电压供蓄电池充电。

2. 数量关系

当滤波电感的电流连续时,输出电压为

$$U_{\circ} = \frac{N_2}{N_1} \times \frac{t_{on}}{T}E = k\frac{N_2}{N_1}E \tag{3-10}$$

当滤波电感电流不连续时,输出电压 $U_{\circ}$ 将高于式(5-8)中的计算值,并随负载减小而升高,且在负载为零的极限情况下,有

$$U_{\circ} = \frac{N_2}{N_1} \times \frac{E}{2} \tag{3-11}$$

半桥变换电路的优点是:在前半个周期内流过变压器的电流与后半个周期流过的电流大小相等、方向相反,变压器的磁芯工作在磁滞回线的两端,磁芯得到充分利用;变压器双向励磁,开关较少,成本低。缺点是:可靠性低,需要复杂的隔离驱动电路。

拓展学习

当半桥变换电路中 C_1 和 C_2 上的电压不相等时,变压器的伏·秒参数将不平衡,变压器磁芯将逐渐趋于饱和,开关管会因变压器原边过电流而损坏。无极隔直电容 C_{be} 与变压器原边串联,避免偏磁问题,应用电路如图 3-20 所示。

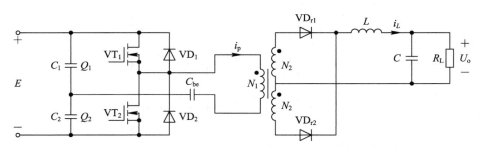

图 3-20 变压器原边串接电容的半桥变换电路

5.1.5 全桥变换电路

1. 电路组成与工作原理

全桥变换电路由电源 E、变压器 T、开关 $S_1 \sim S_4$、二极管 $VD_1 \sim VD_4$、滤波电感 L 和电容 C、负载电阻 R_L 等组成,如图 3-21 所示。变压器原边绕组 W_1 的匝数为 N_1;副边绕组 W_2 的匝数为 N_2;绕组间同名端如图 3-21 中"·"所标识。开关 S_1 与 S_3 和开关 S_2 及 S_4 分别构成一个桥臂,互为对角的两个开关 S_1 与 S_4 和 S_2 及 S_3 同时导通,而同一桥臂上下两开关 S_1 与 S_2 和 S_3 及 S_4 交替导通。变压器副边由二极管 $VD_1 \sim VD_4$ 构成桥式整流电路。

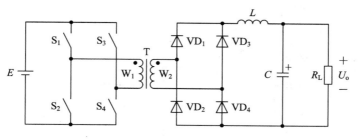

图 3-21　全桥变换电路

一个开关周期内电路的工作过程如图 3-22 所示，工作波形如图 3-23 所示。

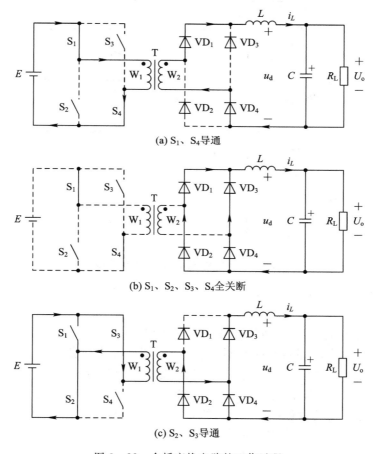

(a) S_1、S_4 导通

(b) S_1、S_2、S_3、S_4 全关断

(c) S_2、S_3 导通

图 3-22　全桥变换电路的工作过程

$t_0 \sim t_1$ 期间：开关 S_1、S_4 导通，输入电压 E 加到原边绕组 W_1 两端，根据绕组间同名端关系，变压器副边的电压极性为上正下负，二极管 VD_1、VD_4 正向偏置导通，二极管 VD_2、VD_3 反向偏置导通，电感电流 i_L 线性上升。开关 S_2 和 S_3 承受的峰值电压均为 E。

$t_1 \sim t_2$ 期间：开关 $S_1 \sim S_4$ 都关断，原边绕组 W_1 中的电流为零，电感通过二极管 VD_1、VD_4 和 VD_2 及 VD_3 续流，每个二极管流过电感电流 i_L 的一半，即 $i_{VD1} = i_{VD2} = i_{VD3} = i_{VD4} = i_L/2$，电感电流 i_L 线性下降。

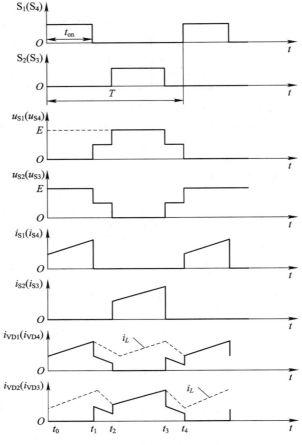

图 3-23 全桥变换电路的工作波形

$t_2 \sim t_3$ 期间:开关 S_2、S_3 导通,其余分析同 $t_0 \sim t_1$ 期间。开关 S_1 和 S_4 承受的峰值电压均为 E。

$t_3 \sim t_4$ 期间:与 $t_1 \sim t_2$ 期间的电路工作过程相同。

若 S_1、S_4 与 S_2 及 S_3 的导通时间不对称,则变压器原边交流电压中将含有直流分量,可能造成磁路饱和,因此全桥变换电路应注意避免电压直流分量的产生。可以在变压器的原边回路中串联一个电容,以阻断直流电流的通路,如图 3-22 所示。为避免同一桥臂中上、下两个开关在换流的过程中发生短暂的同时导通现象而被损坏,每个开关各自的占空比不能超过 50%,并应留有一定的裕量。

2. 数量关系

当滤波电感的电流连续时,输出电压为

$$U_{\text{o}} = \frac{N_2}{N_1} \frac{2 t_{\text{on}}}{T} E = 2k \frac{N_2}{N_1} E \qquad (3-12)$$

电力晶体管

当滤波电感电流不连续时,输出电压 U_{o} 将高于上式中的计算值,并随负载减小而升高,在负载为零的极限情况下,有

$$U_{\text{o}} = \frac{N_2}{N_1} E \qquad (3-13)$$

■ **例题解析**

例 3 - 1   在如图 3 - 24 所示的 DC/DC 变换器中，已知输出电压为 24 V，负载电阻为 $R = 0.4\ \Omega$，MOS 管和二极管通态压降分别为 1.2 V 和 1 V，$k = 0.5$，匝数比 $N_2/N_1 = 0.5$，求：

（1）平均输入电流 I_i；

（2）转换效率；

（3）MOS 管平均电流、峰值电流和有效值电流；

（4）MOS 管承受的峰值电压。

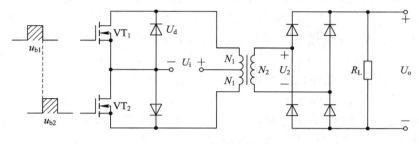

图 3 - 24   例题电路图

解   （1）因为

$$I_o = \frac{U_o}{R} = \frac{24}{0.4} = I_2 = 60\ \text{A}$$

故平均输入电流为

$$I_i = \frac{N_2}{N_1}I_2 = 0.5I_2 = 30\ \text{A}$$

（2）因为

$$U_i = U_1 + 1.2$$

$$U_1 = \frac{N_1}{N_2}U_2,\ U_2 = U_o + 2 \times 1$$

则

$$U_1 = \frac{N_1}{N_2}(U_o + 2) = 2 \times (24 + 2) = 52\ \text{V}$$

$$U_i = 52 + 1.2 = 53.2\ \text{V}$$

$$P_i = U_i I_i = 53.2 \times 30 = 1596\ \text{W}$$

$$P_o = U_o I_o = 24 \times 60 = 1440\ \text{W}$$

故转换效率为

$$\eta = \frac{P_o}{P_i} \times 100\% = \frac{1440}{1596} \times 100\% \approx 90.2\%$$

（3）MOS 管平均电流为

$$I_{dVT} = \frac{1}{2}I_i = 15\ \text{A}$$

MOS 管峰值电流为

$$I_{PVT} = I_i = 30\ \text{A}$$

MOS 管有效值电流为

$$I_{\mathrm{VT}} = \sqrt{\frac{1}{2}} I_{\mathrm{i}} \approx 21.2 \ \mathrm{A}$$

(4) MOS 管承受的峰值电压为

$$U_{\mathrm{cc}} = 2U_{\mathrm{i}} = 2 \times 53.2 = 106.4 \ \mathrm{V}$$

工程经验

磁性器件是开关电源中的关键元器件之一。磁性器件主要由绕组和磁芯两部分组成，其中，绕组可以是 1 个，也可以是两个或多个。磁性器件是进行储能、转换和隔离所必备的元器件，在开关电源中主要把它作为变压器和电感来使用。当作为变压器使用时，其主要功能是：电气隔离；变压(升压或降压)；磁耦合传输能量；测量电压、电流等。当作为电感使用时，其主要功能是：储能、平波或者滤波；抑制尖峰电压或电流，保护容易因过压或过流而损坏的电子元器件；与电容构成谐振，产生方向交变的电压或电流。

与其他电气元件不同，开关电源的设计人员一般很难直接采购到符合自己要求的磁性器件。磁性器件的分析与设计比电路的分析与设计更加复杂。此外，由于磁性器件的设计涉及很多因素，设计结果通常不是唯一的，即使是工作条件完全相同的磁性器件，因其磁性材料的生产批次、体积、质量、工艺过程等差异而导致结果不完全相同，且重复性差。因此，磁性器件设计是开关电源研发过程中的一个非常重要的环节。

5.2　直流脉宽调速系统

在过去的工业应用中，普通晶闸管变流器构成的相控式直流调速系统一直占据着主要的地位。由于普通晶闸管是一种只能用"门极"控制其导通，不能用"门极"控制其关断的半控型器件，因此这种晶闸管整流装置的性能受到了很大的限制。

随着电力电子器件的发展，在直流传动应用中以全控型器件为基础组成的脉宽调制直流调速系统逐渐成为主流。脉宽调制是利用器件的开关作用，将直流电压转换成较高频率的方波电压，加在直流电动机的电枢上，通过对方波脉冲宽度的控制，改变电动机电枢电压的平均值，从而调节电动机的转速。直流脉宽调速系统的框图如图 3-25 所示，其核心是脉冲宽度调制变换器，简称 PWM 变换器。PWM 变换器有不可逆和可逆两类，其中可逆变换器又有不同的工作方式。下面分别介绍其工作原理和特性。

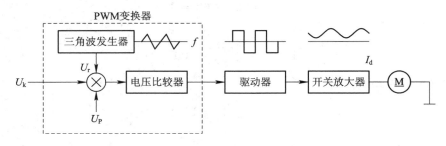

图 3-25　直流脉宽调速系统框图

5.2.1 不可逆 PWM 变换器

1. 无制动力情况

不可逆 PWM
变换器

简单不可逆 PWM 变换器就是直流斩波器，其原理如图 3-26(a)所示，它采用了全控式电力晶体管，工作频率可达几十千赫兹。直流电源 U_s 一般由不可控整流电源提供，采用大电容 C 滤波，二极管 VD 在开关管 VT 关断时为电枢回路提供释放电感储能的续流回路。开关管 VT 的基极由脉宽可调的脉冲电压 U_b 驱动。

在一个开关周期内，当 $0 \leqslant t < t_{on}$ 时，U_b 为正，VT 饱和导通，电源电压通过 VT 加到电动机电枢两端；当 $t_{on} \leqslant t < T$ 时，U_b 为负，VT 关断，电枢失去电源，经二极管 VD 续流。电路工作波形如图 3-26(b)所示。

电动机电枢两端得到的电压为脉冲波，其平均电压为

$$U_d = \frac{t_{on}}{T} U_s = k U_s$$

式中 k 为占空比。

一般情况下，周期 T 固定不变，当调节 t_{on}，使 t_{on} 在 $0 \sim T$ 范围内变化时，则电动机电枢端电压 U_d 在 $0 \sim U_s$ 之间变化，而且始终为正。因此，电动机只能单方向旋转，为不可逆调速系统。

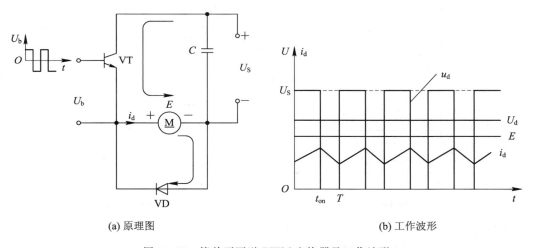

(a) 原理图   (b) 工作波形

图 3-26 简单不可逆 PWM 变换器及工作波形

2. 有制动力情况

图 3-26 所示电路由于电流 i_d 不能反向，因此不能产生制动作用，只能进行单象限运行，需要制动时必须具有反向电流的通路。因此应该设置控制反向通路的第二个电力晶体管，形成两个器件 VT_1 和 VT_2 交替开关的电路，原理如图 3-27 所示，开关管的驱动电压大小相等、方向相反。

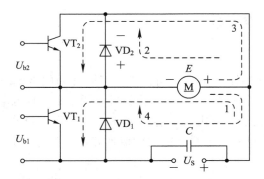

图 3-27 有制动电流通路的不可逆 PWM 变换器

当电动机在电动状态下运行时,平均电流应为正值。在 $0 \leqslant t < t_{on}$ 期间(t_{on} 为 VT_1 导通时间),U_{b1} 为正,VT_1 饱和导通,U_{b2} 为负,VT_2 截止。此时,电源电压 U_S 加到电机电枢两端,电流 i_d 沿图中的回路 1 流通。在 $t_{on} \leqslant t < T$ 期间,U_{b1}、U_{b2} 变换极性,VT_1 截止,i_d 沿回路 2 经二极管 VD_2 续流,在 VD_2 两端产生的压降给 VT_2 施加反压,使 VT_2 失去导通的可能。一个开关周期内实际上是 VT_1、VD_2 交替导通,而 VT_2 始终不导通。工作波形如图 3-28(a)所示。

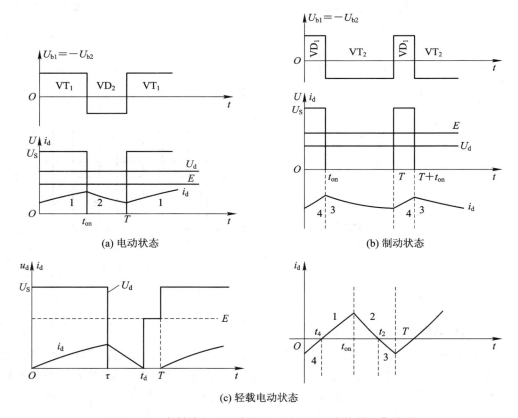

(a) 电动状态

(b) 制动状态

(c) 轻载电动状态

图 3-28 有制动电流通路的不可逆 PWM 变换器工作波形

如果电动机在电动运行中要降低转速,则应先减小控制电压,使 U_{b1} 的正脉冲变窄,负脉冲变宽,从而使平均电枢电压 U_d 降低。但由于惯性的作用,转速和反电动势还来不及立刻变化,造成 $E > U_d$ 的情况。$t_{on} \leqslant t < T$ 期间,由于 U_{b2} 变正,VT_2 导通,$E - U_d$ 产生的反向电流 $-i_d$ 沿回路 3 通过 VT_2 流通,产生能耗制动,直到 $t = T$ 为止。在 $T \leqslant t < T + t_{on}$(也就是 $0 \leqslant t < t_{on}$)期间,VT_2 截止,$-i_d$ 沿回路 4 通过 VD_1 续流,对电源回馈制动,同时在 VD_1 上的压降使 VT_1 不能导通。在整个制动状态中,VT_2、VD_1 轮流导通,而 VT_1 始终截止。反向电流的制动作用使电动机转速下降,直到新的稳态。电路工作波形如图 3 - 28 (b)所示。

还有一种特殊情况,即电动机在轻载电动状态中,负载电流较小,以致当 VT_1 关断后 i_d 的续流很快就衰减到零,如图 3 - 28(c)中的 t_2 时刻,电枢两端电压将跳变到 $u_d = E$,二极管 VD_2 两端的压降也降为零,使 VT_2 得以导通,沿回路 3 流过电流 $-i_d$,产生较短时间的能耗制动作用。到了 $t = T$(相当于 $t = 0$)时刻,VT_2 关断,$-i_d$ 又开始沿回路 4 经 VD_1 续流,直到 $t = t_4$ 时刻 $-i_d$ 衰减到零,VT_1 才开始导通。一个开关周期内 VT_1、VD_2、VT_2、VD_1 轮流导通的电流波形如图 3 - 28(c)所示。

一般直流电源由不可控的整流器供电,电机回馈制动阶段电能不可能通过它送回电网,只能向滤波电容 C 充电,从而造成瞬间的电压升高,称作"泵升电压"。如果回馈能量大,泵升电压太高,将危及开关管和续流二极管安全,必须采取措施加以限制。泵升电压限制电路如图 3 - 29 所示。当电源的滤波电容 C 两端电压超过规定的泵升电压允许数值时,过压信号使 VT 导通,接入分流电阻 R,把回馈能量的一部分消耗在分流电阻中。对于更大功率的系统,为了提高效率,可以在分流电路中接入逆变器,把一部分能量回馈到电网中去。

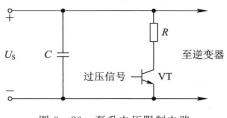

图 3 - 29 泵升电压限制电路

5.2.2 可逆 PWM 变换器

可逆 PWM 变换器主电路结构有 H 型、T 型等类型,这里主要讨论常用的 H 型变换器。根据基极驱动电压的极性和大小不同,变换器又可分出双极式、单极式和受限单极式 3 类控制方式,下面逐一分析。

1. 双极式可逆 PWM 变换器

双极式可逆 PWM 变换器是由电力晶体管($VT_1 \sim VT_4$)和续流二极管($VD_1 \sim VD_4$)构成的,如图 3 - 30 所示,$U_{b1} \sim U_{b4}$ 分别为 $VT_1 \sim VT_4$ 的基极驱动电压。桥式电路 4 个桥臂的电力晶体管分为两组,VT_1 与 VT_4 一组,它们同时导通与关断,其驱动电压 $U_{b1} = U_{b4}$;VT_2 与 VT_3 一组,$U_{b2} = U_{b3} = -U_{b1}$。

可逆 PWM
变换器

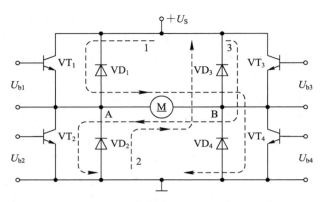

图 3-30 双极式可逆 PWM 变换器及工作过程

在一个开关周期内,当 $0 \leqslant t < t_{on}$ 时,U_{b1}、U_{b4} 为正,晶体管 VT_1、VT_4 饱和导通;而 U_{b2}、U_{b3} 为负,VT_2、VT_3 截止。这时,电源电压 U_S 加在电枢 AB 两端,$U_{AB} = U_S$,电枢电流 i_d 沿回路 1 流通。

当 $t_{on} \leqslant t < T$ 时,U_{b1}、U_{b4} 变负,VT_1、VT_4 截止;U_{b2}、U_{b3} 变正,但 VT_2、VT_3 并不能立即导通,因为在电枢电感释放储能的作用下,i_d 沿回路 2 经 VD_2、VD_3 续流,在 VD_2、VD_3 上的压降使 VT_2 和 VT_3 的 C 极、E 极两端承受反压。这时,$U_{AB} = -U_S$。其工作波形如图 3-31 所示,这是双极式 PWM 变换器的特征即 U_{AB} 在一个周期内正负相间。

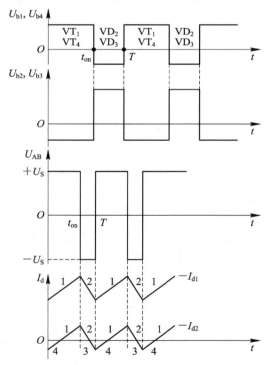

图 3-31 双极式 PWM 变换器工作波形

由于电压 U_{AB} 的正、负变化,电枢电流波形出现 i_{d1} 和 i_{d2} 两种情况,如图 3-31 所示。i_{d1} 相当于电动机负载较重的情况,这时平均负载电流大,在续流阶段电流仍维持正方向,电动机始终工作在第一象限的电动状态。i_{d2} 相当于负载很轻的情况，这时平均电流小，在续流阶段电流很快衰减到零。VT_2 和 VT_3 的 C 极、E 极两端失去反压，在负的电源电压（$-U_S$）和电枢反电动势的合成作用下导通，电枢电流反向，沿回路 3 流通，电动机处于制动状态。在 $t_{on} \leqslant t < T$ 期间，当负载较轻时，电枢电流有一次倒向。

可见，双极式可逆 PWM 变换器的电流波形和有制动电流通路的不可逆 PWM 变换器相似，怎样才能反映出"可逆"的作用呢？这要视正、负脉冲电压的宽窄而定。当正脉冲较宽，即 $t_{on} > T/2$ 时，电枢两端的平均电压为正，在电动运行时电动机正转。当正脉冲较窄，即 $t_{on} < T/2$ 时，平均电压为负，电动机反转。如果正、负脉冲宽度相等，即 $t_{on} = T/2$，平均电压为零，则电动机停止。图 3 - 31 所示的电压、电流波形都是电动机在正转时的情况。

双极式可逆 PWM 变换器电枢端平均电压为

$$U_d = \frac{t_{on}}{T} U_S - \frac{T - t_{on}}{T} U_S = \left(\frac{2\,t_{on}}{T} - 1 \right) U_S \tag{3-14}$$

仍以 k 来定义 PWM 电压的占空比，则 k 与 t_{on} 的关系与前面不同，即为

$$K = \frac{2\,t_{on}}{T} - 1 \tag{3-15}$$

调速时，k 的变化范围变成 $-1 \leqslant k \leqslant 1$。当 k 为正值时，电动机正转；k 为负值时，电动机反转；$k = 0$ 时，电动机停止转动。在 $k = 0$ 时，虽然电动机不动，电枢两端的瞬时电压和瞬时电流却都不是零，而是交变的。这个交变电流平均值为零，不产生平均转矩，徒然耗费电动机的功率。但它的好处是使电动机带有高频的微振，起着所谓"动力润滑"的作用，消除正、反向时的静摩擦死区。

实际应用中，双极式 PWM 变换器的 4 只电力晶体管都处于开关状态，开关损耗大，而且容易发生上、下两管直通（即同时导通）的事故，降低了装置的可靠性。为了防止上、下两管直通，在一个开关管关断和另一个开关管导通的驱动脉冲之间，应设置逻辑延时。

RC 阻容延时电路如图 3 - 32 所示，脉宽调制信号 U_{PWM} 分两路，一路经 $R_1 C_1$ 延时电路加到同相电压比较器 A_1 上，另一路经 $R_2 C_2$ 延时电路加到反相比较器 A_2 上。二极管 VD_1 和 VD_2 的作用是只延时脉宽调制信号的前沿，而不影响用于关断电力晶体管的控制脉冲的后沿。显然，改变 $R_1 C_1$ 和 $R_2 C_2$ 就可以获得所需的延时时间。

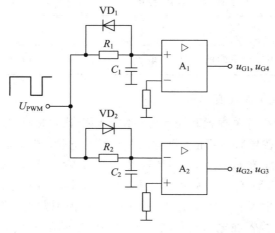

图 3 - 32　RC 阻容延时电路

2. 单极式可逆 PWM 变换器

为了克服双极式变换器的上述缺点，对于静、动态性能要求低一些的系统，可采用单极式 PWM 变换器。其电路结构同双极式（见图 3-30），不同之处仅在于驱动脉冲信号。在单极式变换器中，左边两个电力晶体管的驱动脉冲 $U_{b1}=-U_{b2}$，具有和双极式一样的正负交替的脉冲波形，使 VT_1 和 VT_2 交替导通。右边两管 VT_3 和 VT_4 的驱动信号就不同了，改成因电动机的转向不同而施加不同的直流控制信号。当电动机正转时，使 U_{b3} 恒为负，U_{b4} 恒为正，则 VT_3 截止而 VT_4 常通。希望电动机反转时，则 U_{b3} 恒为正而 U_{b4} 恒为负，使 VT_3 常通而 VT_4 截止。驱动信号的变化会使不同阶段各开关管的开关情况、电流流通的回路与双极式变换器相比有所不同。

在电动机朝一个方向旋转时，PWM 变换器只在一个阶段中输出某一极性的脉冲电压，在另一阶段中 $U_{AB}=0$，所以称作"单极式"变换器。由于单极式变换器的电力晶体管 VT_3 和 VT_4 二者之中总有一个常导通，一个常截止，运行中无需频繁交替导通，因此和双极式变换器相比开关损耗可以减少，装置的可靠性有所提高。表 3-1 给出了单极式控制方式下，电动机运行在 4 个象限时电力晶体管的工作情况、负载电流 i_d 的流通路径及输出电压 u_d 的情况。

表 3-1　单极式控制方式下电动机运行在 4 个象限时的工作情况

工作象限	电流 i_d 通路	输出电压 u_d	工作区间
I	VT_1—电动机—VT_1—电源	$u_d=U_s$	$0<t\leqslant\tau$
	VD_2—电动机—VT_4	$u_d=0$	$\tau<t\leqslant T$
II	VD_4—电动机—VD_1—电源	$u_d=U_s$	$0<t\leqslant\tau$
	VD_4—电动机—VT_2	$u_d=0$	$\tau<t\leqslant T$
III	VT_3—电动机—VD_1	$u_d=0$	$0<t\leqslant\tau$
	VT_3—电动机—VT_2—电源	$u_d=-U_s$	$\tau<t\leqslant T$
IV	VT_1—电动机—VD_3	$u_d=0$	$0<t\leqslant\tau$
	VD_2—电动机—VD_3—电源	$u_d=-U_s$	$\tau<t\leqslant T$

3. 受限单极式可逆 PWM 变换器

单极式变换器在减少开关损耗和提高可靠性方面要比双极式变换器好，但还是有一对晶体管 VT_1 和 VT_2 交替导通和截止，仍有电源直通的危险。当电动机正转时，在 $0\leqslant t<t_{on}$ 期间，VT_2 是截止的，在 $t_{on}\leqslant t<T$ 期间，由于经过 VD_2 续流，VT_2 也不通。既然如此，不如让 U_{b2} 恒为负，使 VT_2 将一直截止。同样，当电动机反转时，让 U_{b1} 恒为负，使 VT_1 一直截止。这样可避免产生 VT_1、VT_2 直通的故障，这种控制方式称作受限单极式。

受限单极式可逆变换器在电动机负载较重时，电流 i_d 在一个方向内连续变化，所有的电压、电流波形都和一般单极式变换器一样。但是，当负载较轻时，由于有两个晶体管一直处于截止状态，不可能导通，因而不会出现电流变向的情况，在续流期间电流衰减到零时（$t=t_d$），波形便中断了，这时电枢两端电压跳变到 $U_{AB}=E$，工作波形如图 3-33 所示。

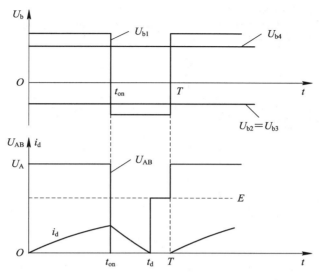

图 3-33　受限单极式 PWM 变换器轻载时工作波形

5.3　电力驱动控制系统

电动汽车电力驱动控制系统决定了整个纯电动汽车的结构构成及其性能特征，是电动汽车的核心。

5.3.1　电动汽车系统概述

1. 电动汽车系统组成与工作原理

电动汽车主要由电力驱动子系统、主能源子系统和辅助控制子系统 3 部分组成，如图 3-34 所示。其中，电力驱动子系统由电控单元（电控系统）、功率变换器、驱动电动机、机械传动装置和驱动车轮等组成；主能源子系统由能量管理系统、能量源（电源）和能量单元等构成；辅助控制子系统具有动力转向、温度控制和辅助动力供给等功能。电动汽车通过从制动踏板和加速踏板输入信号、电子控制器发出相应的控制指令来控制功率变换器功率装置的通断，功率变换器的功能是调节电动机和电源之间的功率流。当电动汽车制动时，再生制动的动能被电源吸收，此时功率流的方向反向。能量管理系统和电控系统一起控制再生制动及其能量的回收，能量管理系统和充电器一同控制电源充电并监测电源的使用情况。辅助动力供给系统供给电动汽车辅助子系统不同等级的电压并提供必要的动力，它主要给动力转向、空调、制动及其他辅助装置提供动力。除了从制动踏板和加速踏板给电动汽车输入信号外，方向盘输入也是个很重要的输入信号，动力转向系统根据方向盘的角位置来决定汽车灵活的转向。

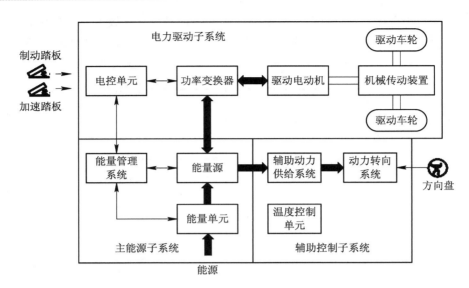

图 3-34　纯电动汽车系统组成

功率变换器是按电控单元的指令和电动机的速度、电流反馈信号，以及对电动机的速度、驱动转矩和旋转方向进行控制，如图 3-35 所示。功率变换器与电动机必须配套使用，目前对电动机的调速主要采用调压、调频等方式，这主要取决于所选用的驱动电动机类型。由于蓄电池以直流电方式供电，所以对直流电动机主要是通过 DC/DC 转换器进行调压调速控制的，而对于交流电动机需通过 DC/AC 转换器进行调频调压矢量控制，对于磁阻电动机则是通过控制其脉冲频率来进行调速的。

图 3-35　电动汽车功率变换器

2. 电动汽车电动机分类

出于对功率、体积、质量、散热等条件的考虑，纯电动汽车采用的驱动电动机主要包括直流有刷电动机、交流感应电动机、交流永磁式同步电动机和开关磁阻式电动机等，如图 3-36 所示。

（1）直流有刷电动机一般采用脉宽调制(PWM)控制方式。

（2）交流感应电动机一般采用矢量控制或直接转矩控制的变频调速控制方式。

（3）交流永磁式同步电动机包括永磁同步电动机和永磁无刷方波电动机，其中永磁同步电动机一般采用矢量控制方法，永磁无刷方波电动机控制方法与直流电动机控制方法相似。

（4）开关磁阻式电动机一般采用模糊滑模控制方法。

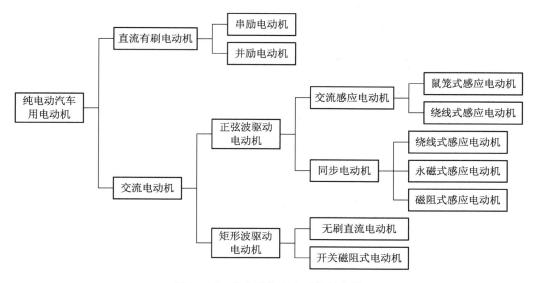

图 3-36　纯电动汽车电动机的分类

3. 电动机对比

电动汽车用电动机与常规工业用电动机有很大的不同，如图 3-37 所示。工业用电动机通常优化在额定的工作点，而电动汽车用电动机通常要求能够频繁地启动/停车、加速/减速，低速或爬坡时要求高转矩，高速行驶时要求低转矩，并要求变速范围大。

图 3-37　电动汽车电动机与工业用电动机

电动汽车的电动机驱动系统与传统工业电动机驱动系统差别也较大。其特点如下：

（1）过载能力强。为保证车辆动力性好，要求电动机具有较好的转矩过载和功率过载能力，峰值转矩一般为额定转矩的两倍以上，峰值功率一般为额定功率的 1.5 倍以上，且峰值转矩和峰值功率的工作时间一般要求 5 min 以上。

（2）转矩响应快。电动机一般采用低速恒转矩和高速恒功率控制方式，要求转矩响应快、波动小和稳定性好。

（3）调速范围宽。要求电动机具有较宽的调速范围，最高转速是基速的两倍以上，且在 4 个象限均能工作。

（4）高效工作区宽。电动机驱动系统要求要有宽转速范围和高效工作区，系统效率大于 80% 的转速区应大于 75%。

（5）功率密度高。为便于电动机及其控制系统在车辆上的安装布置，要求系统具有很高的功率密度。

（6）电动机驱动系统可靠性好，电磁兼容性好且易于维护。

5.3.2 DC/DC 变换器

电动汽车中上常见的 DC/DC 变换器主要有低压电源 DC/DC 变换器(单向 DC/DC 变换器)和双向 DC/DC 变换器，分布关系如图 3-38 所示。

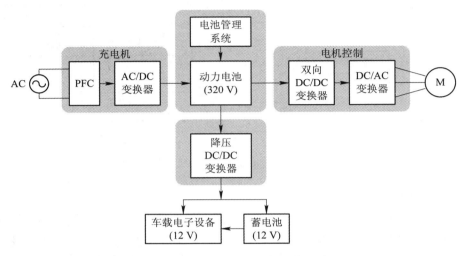

图 3-38　电动汽车 DC/DC 变换器的分布关系

1. 低压电源 DC/DC 变换器

低压电源 DC/DC 变换器是电动汽车必不可少的设备，又称单向 DC/DC 变换器。主要功能是给车灯、电气控制设备(Electric Control Unit，ECU)、小型电器等车辆附属设备供给电力和向附属设备电源充电，功率等级较小。DC/DC 变换器与动力蓄电池、12V 辅助蓄电池、低压设备的连接关系如图 3-39 所示。

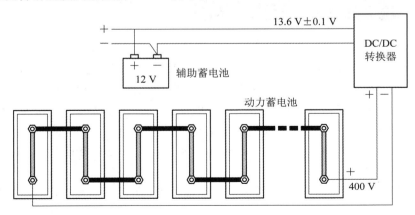

图 3-39　低压电源 DC/DC 变换器连接关系

低压电源 DC/DC 变换器的内部结构由功率回路和控制回路组成，如图 3-40 所示。低压电源 DC/DC 变换器以控制回路的驱动信号为基础，功率回路打开或者关闭开关管，首先输入直流电，供给变压器，在变压器中变压之后得到交流电压，再经过整流二极管的整流作用，得到断续直流电压，最后经平滑电路平滑后对辅助电池充电。控制回路还具有输入过电压保护、输出限流、过热保护和报警等功能。

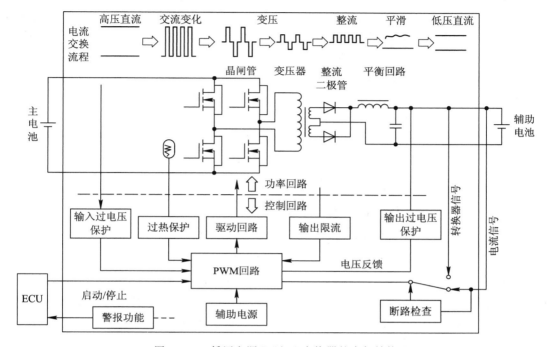

图 3-40　低压电源 DC/DC 变换器的内部结构

低压电源 DC/DC 变换器主电路一般采用单向全桥 DC/DC 拓扑结构。电路输入端由稳压储能电容 C_1、电子开关 $VT_1 \sim VT_4$ 和整流二极管 $VD_1 \sim VD_4$ 组成；电路中部为高频变压器 T_r，电容 C_2 的作用是防止变压器 T_r 的磁偏心。输出端由整流二极管 $VD_5 \sim VD_8$ 组成整流器，电感 L_f 和电容 C_f 组成滤波器，将直流方波中的高频分量滤除，得到一个平滑的直流电压。电路原理如图 3-41 所示。

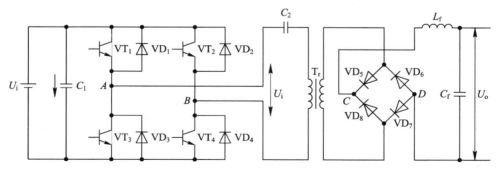

图 3-41　全桥 DC/DC 变换器原理图

2. 双向 DC/DC 变换器

熟知的 DC/DC 变换器多数是单向工作的，在一些需要能量双向流动的场合，若仍使用单向 DC/DC 变换器，虽然可以将两个单向的 DC/DC 变换器反向并联，但这样总体电路会变得复杂。在实际应用中,可将这两个变换器的功能用一个变换器来实现,即双向 DC/DC 变换器。

在以蓄电池和超级电容器组成的电动汽车混合电源上,蓄电池以稳态充、放电的形式工作;超级电容以大电流的充电形式工作,如电动汽车启动或制动反馈时。由于蓄电池和超级电容之间的电流为双向流动,因此,在二者之间配备双向 DC/DC 转换器,双向控制和调配输入、输出电流,高效地为蓄电池、超级电容器等进行充电,并控制不发生过充或过放。

非隔离型双向 DC/DC 变换器电路如图 3-42 所示。电源输入端串联电感器 L_1 和并联电容器 C_0;开关管 VT_1、VT_2 和二极管 VD_1 与 VD_2 组成功率开关。

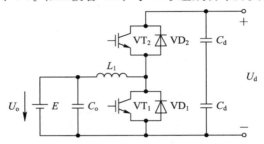

图 3-42　非隔离型双向 DC/DC 转换器电路

电池 E 处于放电状态时,电路由电感 L_1、VT_1 和续流二极管 VD_2 组成,如图 3-43 所示。通过控制开关管 VT_1 的通断,可使得 DC/DC 变换器工作在升压(Boost)模式,能量从电池传送到直流母线上。当 VT_1 为"ON"(开)时,能量从电池流出,存入电感 L_1 中。当 VT_1 为"OFF"(关)时,存在 L_1 中的能量通过 VD_2 传送到电容 C_d 中,然后进入直流母线。此时,DC/DC 变换器的输入端电压为电池的端电压 E,输出端电压为直流母线电压 U_d,两者的电压关系为

$$U_d = \frac{1}{1-k_1}E \qquad (3-16)$$

式中,占空比 $k_1 = t_1/T_1$,t_1 为 VT_1 导通时间,T_1 为开关动作周期。

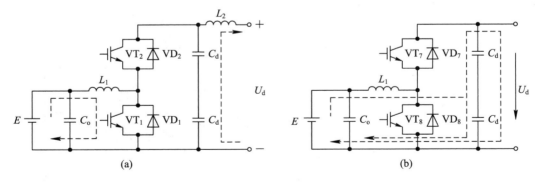

图 3-43　电池放电状态等效电路

电池 E 处于充电状态时,电路由电感 L_1、VT_2 和续流二极管 VD_1 组成,如图 3-44 所示。通过控制开关管 VT_2 的通断,可使 DC/DC 变换器工作在降压(Buck)模式,来自直流母线的能量通过 DC/DC 变换器充入电池。当 VT_2 为"ON"时,能量从直流母线端(来自燃料电池输入或制动回馈或二者兼之)流入电池,电感 L_1 存储其中的部分能量。当 VT_2 为

"OFF"时，存储在其中的能量流入电池。此时，DC/DC 变换器的输入端电压为直流母线电压 U_d，输出端电压为电池系统电压 E，两者的电压关系为

$$E = k_2 U_d \tag{3-17}$$

式中，占空比 $k_2 = \dfrac{t_2}{T_2}$，t_2 为 VT_2 导通时间，T_2 为开关动作周期。

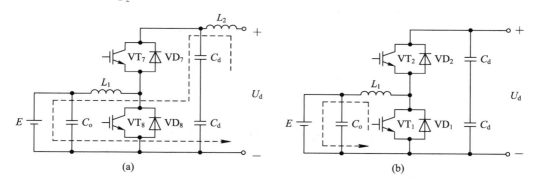

图 3-44　电池充电状态等效电路

由以上分析可知，电池通过双向 DC/DC 变换器与直流母线相连接，控制双向 DC/DC 变换器的工作模式和占空比，可以实现对电池的充放电控制。在放电状态下，DC/DC 变换器工作在升压（Boost）模式，充电状态下则工作在降压（Buck）模式。

双向 DC/DC 变换器的效率受开关导通和截断的时间、各种辅助电器（包括电阻、电容和电感等）功率损耗的影响。因此，选用高质量、低电耗的元器件，能够有效地提高双向 DC/DC 变换器的效率。

双向 DC/DC 转换器实际工程应用如图 3-45 所示。增压转换器将 HV 蓄电池输出的额定电压 DC 201.6 V 增压到 DC 500 V 的最高电压。增压转换器包括增压 IPM（集成功率模块），其中内置的 IGBT 进行转换控制，而增压电感存储能量。通过使用这些组件，增压转换器将电压升高。MG₁ 作为发电机工作时，变频器将交流电转换为直流电，增压转换器将其降低到 DC 201.6 V 为 HV 蓄电池充电。

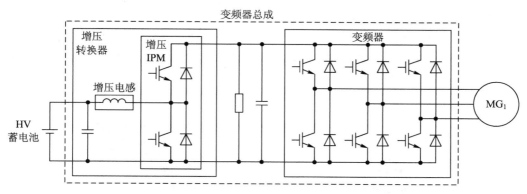

图 3-45　双向 DC/DC 转换器工程应用

拓展学习

《电动汽车 DC/DC 变换器》（GB/T 24347-2009）中，对 DC/DC 变换器的型号命名格式的

规定如图 3-46 所示。例如,某 DC/DC 变换器型号命名为 ZB006-240-024 A,则表示此变换器为直流/直流电源变换器,额定输出功率为 6 kW,额定输入电压为 240 V,额定输出电压为24 V,单向。再比如 ZB100-336-360B,则表示此变换器为直流/直流电源变换器,额定输出功率为 100 kW,额定输入(输出)电压为 336 V,额定输出(输入)电压为 360 V,双向。

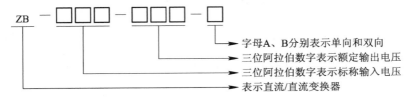

图 3-46　DC/DC 变换器型号命名格式

5.4　直流电动机驱动器的设计与仿真

直流电动机在电动机体系中占有重要地位,直流电动机驱动系统是发展最早、技术最成熟的一种电动机驱动系统,在早期电动汽车中得到了广泛的应用。

5.4.1　直流电动机

1. 工作原理

直流电动机的基本工作原理如图 3-47 所示。两个固定的磁铁(上面为 N 极,下面是 S 极)之间安装了一个可以转动的圆柱体,称为电枢。电枢表面的槽里安装着两段导体 ab 和cd,两段导体的一端(b 端与 c 端)相互连接成一个线圈,称为电枢绕组。电枢绕组的两端(a端与 d 端)分别与一个可以旋转的半圆形导体相互连接(这两个两个半圆形导体称为换向片),且相互绝缘,与电枢绕组同轴旋转。换向器上面压紧两个固定不动的电刷 A、B,它们分别连接一个直流电源的正极和负极(图中电刷 A 连接到电源的正极,电刷 B 连接到电源的负极)。当在如图 5-46(a)所示位置时,a 段导体在 N 极之下,电流方向为由 a 到 b,根据左手定则,其受力为逆时针方向;cd 段导体在 S 极之下,电流方向为由 c 到 d,其受力也为逆时针方向,电枢连同换向器将逆时针旋转。当导体与换向器旋转至图 3-47(b)所示位置时,cd 段导体转到 N 极之下,但其电流方向改变为由 d 到 c,故其受力仍为逆时针方向;ab段导体转到 S 极之下,其电流方向改变为由 b 到 a,受力仍为逆时针方向。因此,电动机可以进行连续的旋转,这就是直流电动机的工作原理。

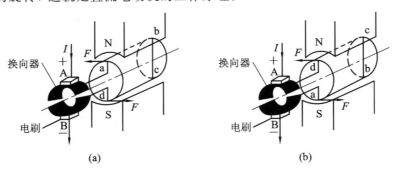

(a)　　　　　　　　　　　　　　　　(b)

图 3-47　直流电动机的基本工作原理

2. 励磁分类

使用永久磁体产生磁场的电动机称为永磁式电动机。如果磁场是由直流电通过围绕铁芯的绕组产生的，则这样的直流电动机称为绕组励磁式电动机。小功率的直流电动机通常为永磁式电动机，大功率直流电动机通常为绕组励磁式电动机。

直流电动机励磁绕组的供电方式称为励磁方式，按照励磁方式的不同，可将直流电动机划分为他励式直流电动机和自励式直流电动机两种。他励式直流电动机为最简单的电动机形式，其励磁绕组的励磁电流由其他的独立直流电源供给，励磁绕组与电枢绕组在电路上互相独立，如图 3-48(a)所示。自励式直流电动机的励磁绕组和电枢绕组由同一个电源供电，根据电路结构又分为并励式直流电动机、串励式直流电动机和复励式直流电动机。并励式直流电动机的励磁绕组和电枢绕组相并联，其励磁绕组端电压与电枢绕组的端电压相同，如图 3-48(b)所示。串励式直流电动机的励磁绕组和电枢绕组相串联，其励磁绕组的电流与电枢绕组的电流相同，如图 3-48(c)所示。复励式直流电动机的主磁极铁芯上面有两个励磁绕组，一个是和电枢相并联的并励绕组，一个是和电枢相串联的串励绕组，如图 3-48(d)所示。直流电动机励磁消耗的功率不大，一般占电动机额定功率的 1‰~3‰。

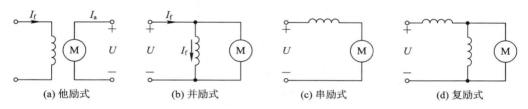

图 3-48　直流电动机的励磁方式

3. 特性分析

直流电动机在稳态运行时(稳态运行是指电动机的电压、电流、转速不再发生变化)，其电枢电路可以等效为图 3-49 所示的等效电路。

当电动机的电枢端电压 U 一定时，电磁转矩 T 与转速 n 之间为一函数关系，即 $n = f(T)$，所对应的函数曲线如图 3-50 所示，n_0 为电动机的空载转速。电动机稳态运行时，电磁转矩 T 的大小将取决于负载转矩的大小。

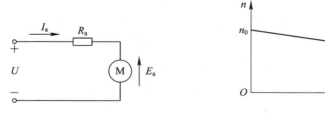

图 3-49　直流电动机稳态运行电路　　图 3-50　他励直流电动机的机械特性曲线

电动机在运行过程中，如果电磁转矩 T 与电动机转速 n 方向一致，那么 T 为拖动转矩，电动机运行在电动状态；如果电磁转矩 T 与电动机转速 n 方向相反，那么 T 为制动转矩，电动机就运行在制动状态。电动机的电气制动分为能耗制动、回馈制动和反接制动。能耗制动时，切断供电电源，将电枢绕组两端接通(通常串入一个限流电阻)，因为电动机转速不能突变,电枢电动势 E_a 也不变,所以在电枢电动势 E_a 的作用下,电枢电流反向,产生制动转矩。反接制动时,通过对供电电压的反接,产生反向的电枢电流进行制动;回馈制动时,设法使电枢电动势 E_a 大于电枢电压 U,迫使 I_a 反向,产生制动转矩,同时电动机向电源馈电。

如图 3-51 所示,当电动机正向电动运行时,电动机电磁转矩 T 与转速 n 都为正方向,这时电机工作在转矩-转速坐标系的第一象限;当电机反向电动运行时,电磁转矩 T 与转速 n 都为负,电动机工作在第三象限;如果转速 n 方向为正,电磁转矩 T 方向为负,那么电动机工作在正向运行的制动状态,电动机工作在第二象限;如果转速 n 方向为负,电磁转矩 T 方向为正,那么电动机工作在反向运行的制动状态,电动机工作在第四象限。如果电动机在 4 个象限内都可以工作,则说电动机可以进行四象限运行。电动汽车的电动机要求能够在四象限内运行。

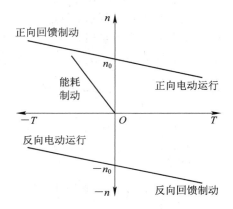

图 3-51 电机的四象限运行

电动汽车采用的制动技术是通过电动机中的旋转磁场速度与电动机转子转速的大小关系,让电动机在电动机与发电机两种状态切换。电动汽车在行驶过程中通过回馈制动回收一部分汽车动能,对增加电动汽车的续航里程具有一定的意义。制动能量回收是目前电动汽车电动机技术研究的焦点之一。

5.4.2 直流电动机驱动器

电动汽车的直流电动机通常四象限控制运行,因此直流电动机驱动器一般采取"H 桥"电路,如图 3-52 所示,其中 $VT_1 \sim VT_4$ 为开关管,$VD_1 \sim VD_4$ 为续流二极管。

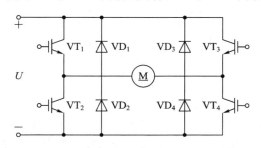

图 3-52 直流 PWM 控制的 H 桥电路

以电动机正向旋转为例，下面介绍直流电动机工作的 4 种状态。

（1）电动状态。当 VT_1、VT_4 导通，VT_2、VT_3 关断时，电动机电枢绕组通过正向电流，电动机工作在正向电动运行状态。

（2）电动续流状态。当电动机处于电动状态时，若 VT_1 的 PWM 信号变为低电平时，VT_1 管将关断，VT_4 继续导通。此时电动机电枢的电压为零，由于电枢绕组存在感性，因此其电流不能突变，于是电枢绕组的自感电动势将克服反电动势 E，通过 VT_4 与 VD_2 进行续流，电动机消耗存储在电感中的能量进入电动续流状态，此时电流将持续衰减。

（3）能耗制动状态。如果电动机续流结束时，VT_2 管导通，VT_4 管关断，此时因为电动机继续正向旋转，反电动势 E 方向不变，电动机在反电动势的作用下将通过 VT_2、VD_4 产生一个反向的电流，电动机相当于工作在能耗制动状态。

（4）再生制动状态。在能耗制动时，如果使 VT_2 关断，电流失去续流通路将会迅速减小，电流的减小会感生出与电源电动势方向相反的感生电动势，通过二极管 VD_1、VD_4 对电源馈电，实现再生制动。

同样，电动机反向运行时也可以通过控制实现以上 4 种状态。

目前大多使用专用集成 PWM 控制电路构成直流电动机驱动器。专用 PWM 集成电路 SG1731 内部结构如图 3-53 所示。芯片内集成有三角波发生器、偏差信号放大器、比较器及桥式功放等电路。该芯片是将一个直流信号电压与三角波电压叠加后，形成脉宽调制方波，再经桥式功放电路输出。它具有外触发保护、死区调节和 ± 100 mA 电流的输出能力，其振荡频率在 $100 \sim 350$ kHz 之间可调，适用于单极性 PWM 控制。

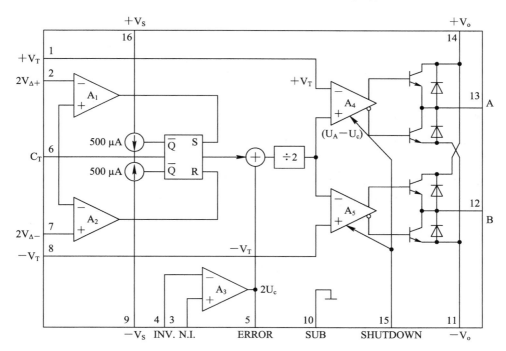

图 3-53　集成 PWM 控制器 SG1731 内部结构示意图

集成 PWM 控制器 SG1731 构成的直流调速系统如图 3-54 所示。

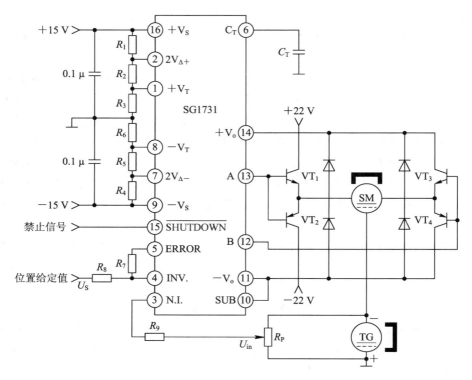

图 3-54   54 SG1731 构成的直流调速系统

5.4.3   仿真验证

直流电动机的驱动电路拓扑结构如图 3-52 所示,电路由直流电源、单相逆变器、直流电动机、负载以及触发电路组成。其中单相逆变器是由 4 个 IGBT 组成的,4 个 IGBT 的导通和关断控制着电动机的正反转,而相关占空比的调节可以控制电动机的转速。具体理论讲解请阅读 5.4.1 与 5.4.2 小节。

触发电路为单相逆变器提供 PWM 控制信号,控制着 IGBT 的导通与关断,从而实现对直流电动机的控制。在 PSIM 软件中拥有多种方案可实现驱动器。在本仿真案例中,选取一个方波控制器作为驱动器,其余方案供读者自行研究。方波控制器是一个双极式可逆PWM 变换器,PSIM 软件中的方波控制器仿真模型如图 3-55 所示。其中输入信号 D 代表输出方波的占空比,范围为 0~1;delay 代表输出方波相对采样时刻的滞后时间,单位为 s;freq代表输出方波的频率。输出信号 Q 代表方波脉冲信号;Q_n 代表与 Q 互补的方波脉冲信号。

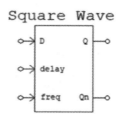

图 3-55   方波控制器仿真模型

另外 PSIM 软件中的直流电动机模型为他励直流电动机，降低它的励磁电压会增大电动机的转速，其他详情请查阅相关资料。下面将直流电动机驱动电路的仿真分为 4 个步骤进行讲解。

PWM 变换器的
控制电路

1. 仿真模型搭建

（1）打开 PSIM 软件，新建一个仿真电路原理图设计文件。

（2）根据图 3-54 所示的电路拓扑图，从 PSIM 元件库中选取主电路所需的直流电源、单相逆变器、电感、直流电动机、变速器以及负载等元件放置于电路设计图中。为了在仿真中实现对电动机转速的检测，电动机与变速器间可放置一个转速传感器。控制电路选取一个方波控制器以产生 PWM 控制信号。放置元件的同时调整元件的位置及方向，以便后续原理图的连接。

（3）利用 PSIM 中的画线工具，按照对应的拓扑图将电路连接起来，组建成仿真电路模型。画线时可适当调整元件位置及方向，令所搭建的电路模型更加美观。

（4）放置测量探头，测量需要观察的电压、电流等参数。本仿真案例中放置的电压探头与电流探头可用来测量电源电压、负载电压、负载电流以及电机转速等参数。搭建完成的电路仿真模型如图 3-56 所示。

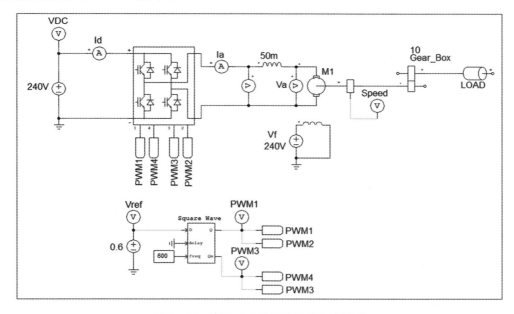

图 3-56　直流电动机驱动电路仿真模型

2. 电路元件参数设置

本仿真案例中将直流电源设置为 240 V；电感设置为 50 mH；变速器的变速比设置为 10；直流电动机的励磁电压与电源电压保持一致，设置为 DC240 V；方波控制器的频率设置为 600 Hz；其他未提及参数均采用默认设置。电压探头与电流探头的命名如图 3-56 所示。

3. 电路仿真

完成仿真模型的搭建后，放置仿真控制元件，并设置仿真控制参数。在此仿真案例中仿真步长设置为 10 μs，仿真总时间设置为 5 s，其他参数保持默认配置。参数设置完成后即可运行仿真。

4. 仿真结果分析

仿真结束后在 PSIM 软件自动弹出的 Simview 窗口选取想要观察的参数波形，即可自动弹出相对应的波形图。在本仿真案例中选取电动机的转速波形为观察对象。通过改变单相逆变器的占空比可以控制直流电动机的转速以及单相逆变器中 IGBT 的导通与关断，从而实现对电动机的正反转控制。方波控制器的占空比范围在 0～0.4 时，正脉冲较窄，平均电压为负，因此电动机处于反转状态，此时随着占空比的增大电动机转速会降低。当设置占空比为 0.2 和 0.4 时，电动机的转速仿真波形如图 3-57 所示。当占空比为 0.5 时，正、负脉冲宽度相等，平均电压为零，则电动机停止转动，电动机的转速仿真波形如图 5-58 所示。方波控制器的占空比范围在 0.6～1 时，正脉冲较宽，平均电压为正，电动机处于正转状态。此时随着占空比的增大电动机转速会增加。当设置占空比为 0.6 和 0.9 时，电动机的转速仿真波形如图 3-59 所示。

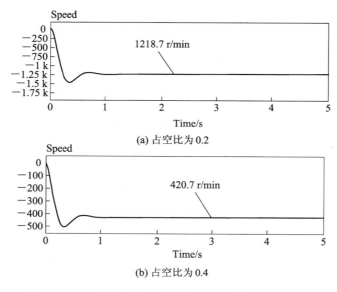

图 3-57　电动机反转时不同占空比下的转速仿真波形

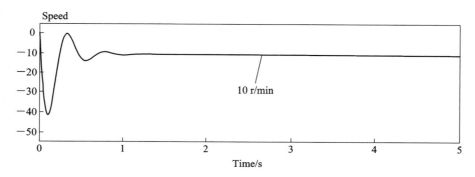

图 3-58　占空比为 0.5 时的转速仿真波形

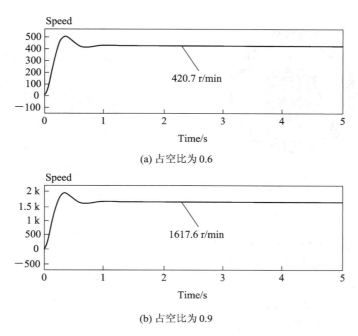

(a) 占空比为 0.6

(b) 占空比为 0.9

图 3-59　电动机正转时不同占空比下的转速仿真波形

通过观察电动机的转速仿真波形发现，本仿真所设计的直流电动机驱动仿真电路模型在占空比为 0～0.4 时电动机正转，占空比为 0.5 时电动机转速几乎为零，占空比为 0.6～1 时电动机反转，证明电路模型设计合理。

5.5　永磁同步电动机驱动器的设计与仿真

永磁同步电动机由于其效率高、控制精度高、转矩密度大等特点被广泛地应用为电动汽车的驱动电动机。

5.5.1　永磁同步电动机

永磁同步电动机根据其结构及控制方法主要分为两种：一种是通以方波电流的方波永磁同步电动机；一种是通以正弦波电流的正弦波永磁同步电动机。虽两种电动机的结构基本相同，但控制方法有着很大的差别。方波永磁同步电动机控制方法与直流有刷电动机类似，习惯上把它称为永磁无刷直流电动机，而把正弦波永磁同步电动机称为永磁同步电动机。

随着电子传感器技术的发展，采用电子换向替代机械换向，加之高性能永磁材料的发展，永磁无刷直流电动机相继出现。与永磁有刷直流电动机相比，永磁无刷直流电动机采用了一种"里翻外"结构，如图 3-60 所示，即把电枢绕组置在定子上，使得其电损耗热量容易经机壳向外发散且便于温度检控，而转子采用永磁激励，无电励磁绕组，即免去向转子通电需经电刷且损耗和发热也就很小。

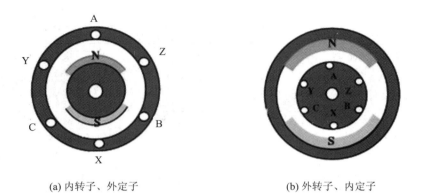

(a) 内转子、外定子　　　　　　　　(b) 外转子、内定子

图 3-60　永磁无刷直流电动机基本结构

　　永磁无刷直流电动机主要由电动机本体、位置传感器和电子开关换相电路 3 部分组成,如图 3-61 所示。永磁无刷直流电动机作为一种机电一体化结构的驱动控制电动机,位置传感器起着检测转子磁极位置的作用,并为逻辑控制电路提供正确的换向信号用以控制定子电枢绕组的通电。永磁无刷直流电动机应用的位置传感器有电磁式、光电式和霍尔式等,目前多使用体积小、使用方便且价格低廉的霍尔传感器。

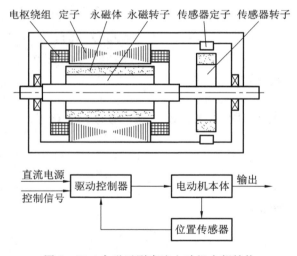

图 3-61　永磁无刷直流电动机内部结构

　　永磁同步电动机和异步电动机定子基本结构是相同的,主要由定子、转子、气隙、永磁体、三相对称交流绕组(电枢绕组)组成。二极三相同步电动机(永磁同步电动机的一种)工作原理如图 3-62 所示,在定子铁芯的内圆周上装设有定子槽,槽中安放着三相对称交流绕组 AX、BY、CZ(定子三相绕组以星形或三角形连接到三相电源上),它们在空间位置上互差 120°,称为电枢绕组。转子是永磁铁制成,产生的磁场称为主磁场或转子磁场。电动机的定子三相对称绕组通上三相交流电后,会产生一个圆形的旋转磁场,这个旋转磁场与转子永磁体的磁场相互作用,将会拖动转子进行旋转。二者在空间相对位置保持不变,这样转子磁场才能有稳定的磁拉力,形成固定的电磁转矩。这也就是称之为"同步电机"的原因。

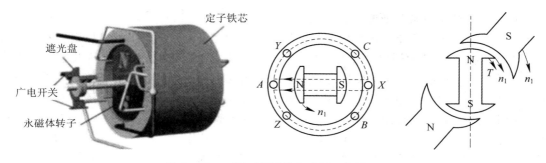

图 3-62　二极三相同步电动机工作原理

5.5.2　永磁同步电动机驱动器

1. 驱动原理

永磁同步电动机的驱动原理如图 3-63 所示。其中图 3-63(a)为两相式，当定子的 AB 电流的方向改变时，定子的 AB 相的磁场方向改变，永磁铁就可转动。图 3-63(b)为三相式，n_0、T 和 θ 分别为同步转速、转矩和功率角。电动机的转子是个永久磁铁，N、S 极沿圆周方向交替排列，定子可以看作是一个以速度 n_0 旋转的磁场。电动机运行时，定子中存在旋转磁动势，转子像磁针在旋转磁场中旋转一样，随着定子的旋转磁场同步旋转。

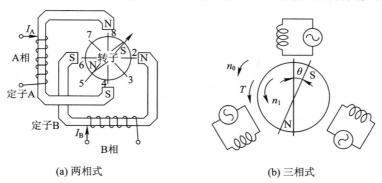

(a) 两相式　　　　　　　　　　　　(b) 三相式

图 3-63　永磁同步电动机的驱动原理

永磁同步电动机驱动器简化为只有一对磁极的驱动器原理如图 3-64 所示，电动机的定子绕组分别为 A 相、B 相、C 相，每相在空间上间隔 120° 的电角度，每相上放置一个位置传感器，每相电流的通断由一个电子开关管控制。

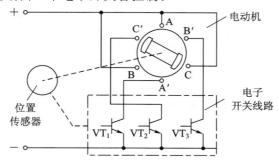

图 3-64　永磁同步电动机的驱动电路示意图

电动机的转子位置与通电绕组的关系如图 3-65 所示。当转子处于图 3-65(a)所示位置时,B 相的位置传感器发出感应信号送给电动机控制器,控制系统输出控制信号将开关管 VT_1 导通,A 相绕组通电,元件边 A 电流方向为垂直纸面向里,元件边 A' 电流方向为垂直纸面向外,A 相绕组产生的磁场与转子永磁体相互作用,产生电磁转矩推动转子逆时针旋转;当转子转过 120°电角度到达图 3-65(b)所示位置时,C 相的位置传感器发出感应信号送给电动机控制器,控制系统输出控制信号将开关管 VT_2 导通,B 相绕组通电,继续产生逆时针方向的电磁转矩;当转子再转过 120°电角度到达图 3-65(c)所示位置时,A 相的位置传感器发出感应信号,开关管 VT_3 导通,C 相绕组通电,依旧产生逆时针方向的电磁转矩,推动转子旋转至图 3-65(d)所示位置,这样就又回到原来的状态,如此循环,电动机就可以不停地旋转。

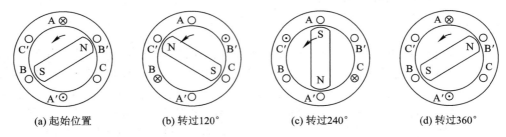

(a) 起始位置　　　　(b) 转过120°　　　　(c) 转过240°　　　　(d) 转过360°

图 3-65　永磁同步电动机的转子位置与通电绕组的关系

2. 驱动电路

通常永磁同步电动机驱动电路转子位置传感器与电动机轴连在一起,用来随时测定转子磁极的位置,为电子换向器提供正确的信息,如图 3-66 所示。位置传感器将转子的位置信号电平反馈给控制芯片,控制芯片经过电流采样和数学变换,并根据反馈的位置信息经过闭环运算,重新按新的 PWM 占空比输出来触发功率器件(IGBT 或 MOSFET)。实际上逆变器是自控的,由自身运行来保证电动机的转速和电流输入频率同步,并避免振荡和失步的发生。

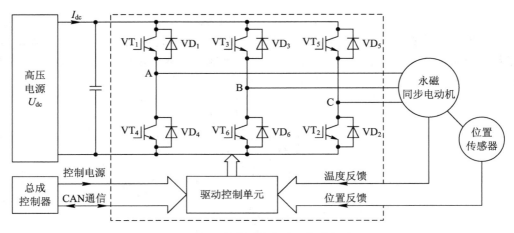

图 3-66　永磁同步电动机驱动电路

永磁同步电动机的驱动电路选用星形连接的全桥式驱动电路,如图 3-66 所示。

$VT_1 \sim VT_6$ 为 6 个可控开关管，分为 VT_1、VT_4，VT_3、VT_6，VT_5、VT_2 三组，VT_1、VT_3、VT_5 称为上桥臂管，VT_4、VT_6、VT_2 称为下桥臂管，每个开关管反向并联一个续流二极管。开关管有多种逻辑导通方式，下面以最常用的二二导通方式为例来说明换向过程。二二导通方式就是在每个 $360°$ 电角度周期内，每次使两个开关管同时导通。图 5-65 所示开关管导通顺序为 VT_1、VT_2，VT_2、VT_3，VT_3、VT_4，VT_4、VT_5，VT_5、VT_6，VT_6、VT_1，一共有 6 种导通状态，每种导通状态持续 $60°$ 电角度，每个开关管持续导通 $120°$ 电角度，每更换一种状态更换一个导通的开关管。

借助逻辑判断来改变开关管的导通顺序，就可以实现电动机的反转。反转时开关管导通顺序为 VT_3、VT_4，VT_2、VT_3，VT_1、VT_2，VT_6、VT_1，VT_5、VT_6，VT_4、VT_5。

5.5.3　仿真验证

永磁同步电动机驱动电路的拓扑结构如图 3-67 所示，其主电路是由电源、三相逆变器、永磁同步电动机以及机械负载等部分组成。在 PSIM 软件的建模过程中，由于需要将主电路的电流信号导入控制电路中使用，因此需要加入电流传感器；又由于需要对电动机转速进行检测，因此也需要加入转速传感器。

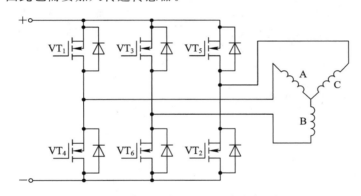

图 3-67　永磁同步电动机驱动电路拓扑图

永磁同步电动机驱动电路的控制电路是由给定量、磁场定向旋转变换、坐标变换、转速反馈、电流反馈等环节构成，如图 3-68 所示。其工作原理请读者查阅相关资料。本仿真案例对永磁同步电动机的控制电路进行建模时，采用矢量控制方式构建成双闭环控制系统，电流环采用 $I_d = 0$ 的方式进行控制。其余控制方式供读者自行研究学习。

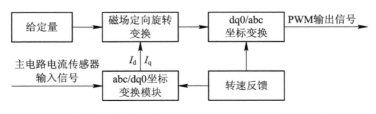

图 3-68　PWM 控制电路示意图

1. 仿真模型搭建

（1）打开 PSIM 软件，新建一个仿真电路原理图设计文件。

（2）根据图 3-67 所示的电路拓扑图，从 PSIM 元件库中选取主电路所需的直流电源、IGBT、电流传感器、永磁同步电机、转速传感器以及机械负载等元件放置于电路设计图中。放置元件的同时调整元件的位置及方向，以便后续原理图的连接。

（3）利用 PSIM 中的画线工具，按照对应的拓扑图将电路连接起来，组建成仿真电路模型。画线时可适当调整元件位置及方向，令所搭建的电路模型更加美观。

（4）放置测量探头，测量需要观察的电压、电流等参数。本仿真案例中放置的电压探头与电流探头可用来测量逆变后的电路电流、电机转速等参数。搭建完成的主电路仿真模型如图 3-69 所示。控制电路各模块的 PSIM 仿真模型如图 3-70 所示。

2. 电路元件参数设置

本仿真案例中将直流电源设置为 500 V；控制电路的开关频率设置为 10 kHz；PSIM 仿真模型中电动机的相关参数设置如图 3-71 所示，机械负载相关参数设置如图 3-72 所示；其他未提及参数均采用默认设置。控制电路的元件参数及整个电路的电压探头与电流探头的命名分别如图 3-69 和图 3-70 所示。

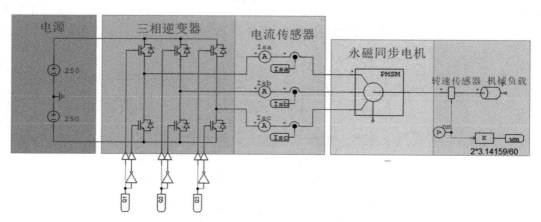

图 3-69　主电路仿真模型

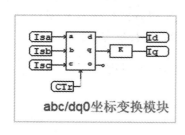

(a) abc/dq0 坐标变换模块

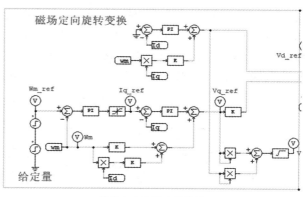

(b) 磁场定向旋转变换模块

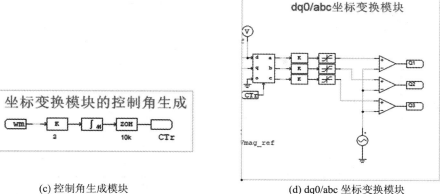

(c) 控制角生成模块

(d) dq0/abc 坐标变换模块

图 3-70 PWM 控制电路各环节 PSIM 仿真模型

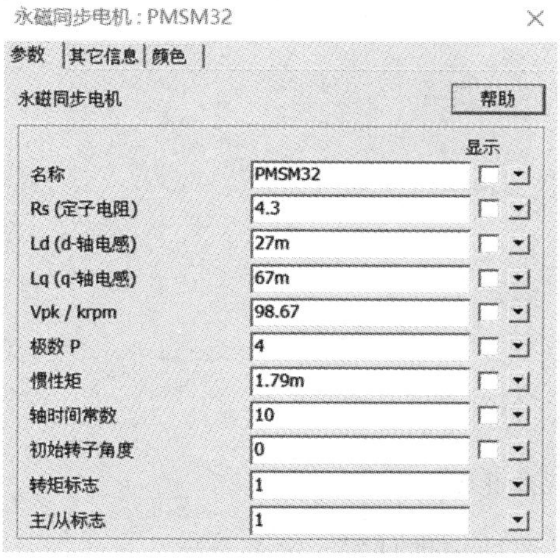

图 3-71 永磁同步电机参数表

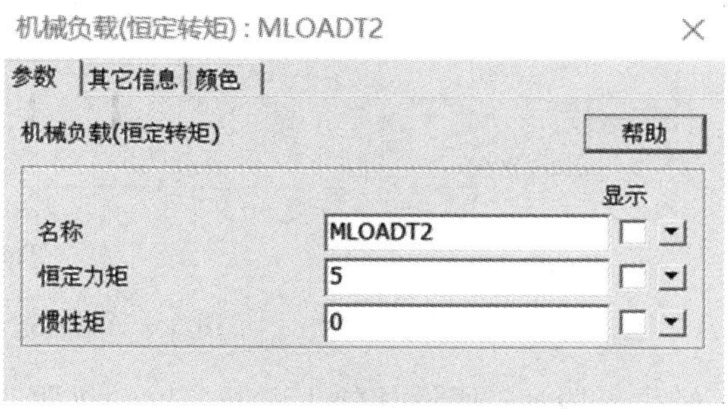

图 3-72 机械负载参数表

3. 电路仿真

完成仿真模型的搭建后，放置仿真控制元件，并设置仿真控制参数。在此仿真案例中仿真步长设置为 1 μs，仿真总时间设置为 2 s，其他参数保持默认配置。参数设置完成后即可运行仿真。

4. 仿真结果分析

仿真结束后在 PSIM 软件自动弹出的 Simview 窗口选取想要观察的参数波形，即可自动弹出相对应的波形图。在本仿真案例中选取电机转速波形为观察对象。将检测到的永磁同步电动机转速反馈到控制电路的转速环进行电动机转速的反馈调节。实验中为了方便生成坐标变换模块的控制角，将电动机转速转化成了角速度进行反馈使用。在仿真案例中采用阶跃信号源作为转速环的参考输入，当阶跃信号源的给定值为 170 时，电动机运行仿真波形图及数值表如图 3-73 所示，电动机转速为 1620 r/min。

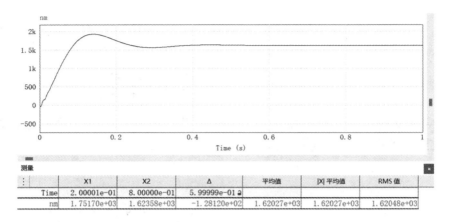

图 3 - 73　电动机运行仿真结果

在 $t = 1$ s 时刻将给定值由 170 改为 140,电动机转速波形随之变化,且系统稳定性较好,如图 3 - 74 所示。

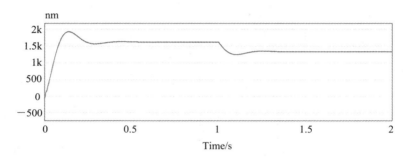

图 3 - 74　转速波形变化图

经仿真验证,所设计的永磁同步电动机驱动系统稳定性良好,建模合理。

5.6　直流电动机驱动器的组装与调试

本实践要求学生在消化电路的基础上,进行工程应用操作,以锻炼识图和基本操作能力,加深对电路的理解和掌握。

1. 实践目标

(1)能读懂直流电动机驱动器的电路图。
(2)能对照电路原理图看懂接线电路图。
(3)认识电路图上所有元器件的符号,并与实物相对照。
(4)熟练进行元器件的装配和焊接。
(5)能按照技术要求进行电路调试。

2. 实践器材

直流电动机驱动器电路所需的元器件清单如表 3 - 2 所示。NE555 的详细资料请读者自行查阅相关文献。

表 3 - 2　直流电动机驱动器电路所需的元器件清单

元件名称	在电路图中的代号	参考型号	数量	备注
主芯片 IC	U_1	NE555	1	
晶体管	VT_1	IRFZ44NPBF	1	
二极管	$VD_1 \sim VD_3$	1N4148	3	
LED 灯	LED1	LED - 3MM	1	
电阻器	R_1	470	1	
	R_2、R_4	1 kΩ	2	
	R_3	50 kΩ	1	可调电阻
	R_5	10 kΩ	1	
电容器	C_1	1000 μF	1	
	C_2、C_5	473 μF	2	
	C_3	104 μF	1	
	C_4	103 μF	1	

3. 制作步骤

1）制作印制电路板

首先按印制电路板设计要求，选用一块 7 cm×4 cm 单面环铜板，设计直流电动机驱动电路的印制电路板图，如图 3 - 75 所示。然后将绘制好的 PCB 图打印到转印纸上，再使用热转印机将图纸转印到铜板上。最后进行铜板腐蚀打孔即可。

2）焊接元器件

按图 3 - 75(a)所示，将元器件逐个焊接在印制电路板上，元器件引脚要尽量短。集成芯片最好采用插座安装，插座的缺口标记与印制电路板相应标记对准，注意不要装反。集成芯片插入插座时也要注意不要插反。焊接完成后即可接入电动机和电源进行测试。注意：元器件布局图中所有元器件均未采用下标形式。

注：印制电路板和元器件焊接的具体操作请读自行查阅相关资料。

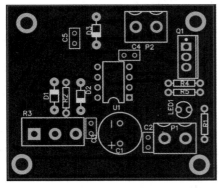

(a) 元器件布局图

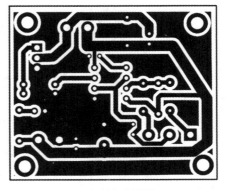

(b) 印制电路板图

图 3 - 75　直流电动机驱动电路印制电路板图

任务 6　电动汽车充电系统的设计、仿真与实践

6.1　软 开 关 技 术

在开关电源发展的初期阶段，功率开关管的开通或关断是在器件上的电压或电流不为零的状态下进行的，即在器件上的电压未达到零电压时强迫器件开通，或在器件中流经的电流未达到零电流时强迫器件关断。这种工作状态称为"硬开关"。利用这种硬开关技术会使开关损耗较大，且随着开关频率的提高，开关损耗也会增大。所以，硬开关技术限制了开关电源的工作频率和效率的提高。

根据"电路"和"变压器"中的相关知识，提高开关频率可以减小滤波器的参数和变压器的绕组匝数，从而显著地降低装置的体积和重量。但随着开关频率的提高，开关损耗也随之增加，电路效率大幅下降，电磁干扰增大，所以简单地提高开关频率是不行的。针对这些问题出现了软开关技术，它在开关频率提高的情况下，有效地解决了电路中的开关损耗和开关噪声问题。

6.1.1　硬开关与软开关

在分析电路时，我们总是将电路理想化，尤其是将电路中的开关理想化，认为开关过程是在瞬间完成的，而忽略了开关过程对电路的影响。然而，在实际的电路转换中，开关过程是客观存在的，一定条件下还可能对电路产生重要影响。开关过程中电压、电流均不为零，会出现重叠现象，从而产生开关损耗，而且电压和电流的变化很快，波形会出现明显的过冲，这导致了开关噪声的产生。具有这种开关过程的开关称为硬开关。硬开关的开关过程如图 3 - 76 所示。

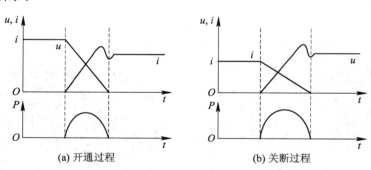

图 3 - 76　硬开关的开关过程

20 世纪 80 年代初，李泽元教授等人提出了软开关的概念，即在原电路中增加电感、电容等谐振元件，构成辅助换流网络，在开关过程前后引入谐振过程，使开关开通前电压先降为零或关断前电流先降为零，即可消除开关过程中电流、电压的重叠，降低它们的变化率，从而大大减小甚至消除开关损耗和开关噪声。人们把这样的电路称为软开关(也称为谐振开关)电路。软开关的典型开关过程如图 3 - 77 所示。

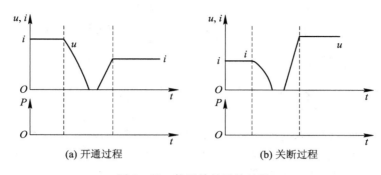

(a) 开通过程　　　　　　　　　(b) 关断过程

图 3 - 77　软开关的开关过程

根据开关管与谐振电感、谐振电容的结合方式，谐振开关可分为零电流谐振开关和零电压谐振开关两类。零电流谐振开关是将谐振电感与 PWM 开关串联，当电感中谐振电流过零点时，使开关零电流关断；零电压谐振开关是将谐振电容与 PWM 开关并联，当电容两端谐振电压过零点时，使开关零电压开通。它们各有 L 型和 M 型两种电路方式。

1) 零电流谐振开关

零电流谐振开关(Zero Current Switching，ZCS)由开关 S、谐振元件 L_r 和 C_r 组成，电感 L_r 与开关 S 串联，如图 3 - 78 所示。

零电流谐振开关的工作原理为：在 S 导通之前，L_r 的电流为零；当 S 开通时，L_r 限制了 S 中的电流上升率，实现了 S 的零电流开通；当 S 关断时，L_r 和 C_r 谐振工作，使 L_r 的电流回到零，实现了 S 的零电流关断。因此，谐振元件 L_r 和 C_r 为 S 提供了零电流谐振开关的条件。

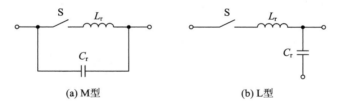

(a) M型　　　　　　　　　(b) L型

图 3 - 78　零电流谐振开关

2) 零电压谐振开关

零电压谐振开关(Zero Voltage Switching，ZVS)由开关 S、谐振元件 L_r 和 C_r 组成，谐振电容 C_r 与开关 S 并联，如图 3 - 79 所示。

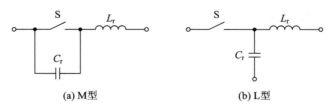

(a) M型　　　　　　　　　(b) L型

图 3 - 79　零电压谐振开关

零电压谐振开关的工作原理为：当 S 开通时，L_r 和 C_r 谐振工作，使 C_r 的电压回到零，实现了 S 的零电压开通；当 S 关断时，C_r 限制了 S 上的电压上升率，实现了 S 的零电压关断。因此，谐振元件 L_r 和 C_r 为开关 S 提供了零电压谐振开关的条件。

软开关技术问世以后,经过不断发展和完善,准谐振变换器、零开关 PWM 变换器和零转换 PWM 变换器等软开关电路相继出现。下面重点介绍准谐振变换器。

6.1.2 准谐振变换器

准谐振变换器是开关技术的一次飞跃,其特点是谐振元件可参与能量变换的某一个阶段,无需全程参与。由于正向和反向 LC 回路值不一样,即振荡频率不同,电流幅值不同,因此振荡不对称。一般正向正弦半波大过负向正弦半波,所以称为准谐振。利用准谐振现象,使电子开关器件上的电压或电流按正弦规律变化,创造了零电压开通或零电流关断的条件。以这种技术为主导的变换器称为准谐振变换器(Quasi Resonant Converter,QRC)。准谐振变换器分为零电流开关准谐振变换器(ZCS QRC)和零电压开关准谐振变换器(ZVS QRC)。

1. 零电流开关准谐振变换器

用零电流谐振开关代替直流变换电路中的硬开关,可得到零电流准谐振变换器。下面以降压型零电流开关准谐振变换器(Buck ZCS QRC)为例进行分析。Buck ZCS QRC 电路由电源 E、开关管 VT_s、二极管 VD_s、谐振元件 L_r 和 C_r、续流二极管 VD、滤波元件 L_f 和 C_f、负载电阻 R_L 等组成,如图 3-80 所示,谐振电容 C_r 与二极管 VD 并联。

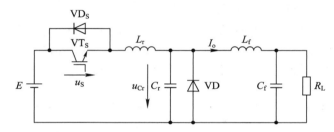

图 3-80 Buck ZCS QRC 电路

为分析方便,假设:

(1) 所有开关管、二极管、电感、电容和变压器均为理想器件;

(2) 滤波电感远大于谐振电感,即 $L_f \gg L_r$;

(3) 滤波电感足够大,在一个开关周期中,其电流基本保持为输出电流 I_o 不变。

并定义以下物理量:

特征阻抗 $Z_r = \sqrt{\dfrac{L_r}{C_r}}$;

谐振角频率 $\omega_r = \dfrac{1}{\sqrt{L_r C_r}}$;

谐振频率 $f_r = \dfrac{\omega_r}{2\pi} = \dfrac{1}{2\pi\sqrt{L_r C_r}}$;

谐振周期 $T_r = \dfrac{1}{f_r} = 2\pi\sqrt{L_r C_r}$。

一个开关周期分为 4 个阶段。假定在开关管 VT_s 导通以前,负载电流经二极管 VD 续流,电容 C_r 上的电压被钳位于零。Buck ZCS QRC 的工作波形如图 3-81 所示。

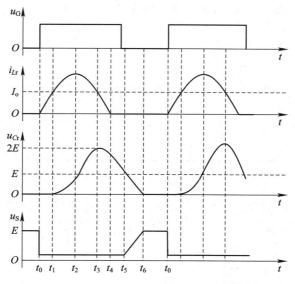

图 3 - 81　Buck ZCS QRC 的工作波形

（1）$t_0 \sim t_1$ 期间：t_0 之前，VT_S 不导通，输出电流 I_o 经 VD 续流；t_0 时刻，VT_S 导通，L_r 充电，L_r 中的电流线性上升。L_r 充电阶段电流路径如图 3 - 82 中粗实线所示。

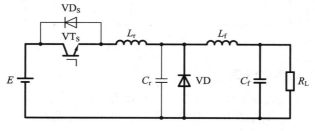

图 3 - 82　L_r 充电阶段

（2）$t_1 \sim t_4$ 期间：t_1 时刻，i_{Lr} 达到 I_o，随后 i_{Lr} 分成两部分，一部分维持负载电流，一部分给谐振电容充电，VD 截止，L_r 和 C_r 开始谐振；t_2 时刻，$u_{Cr} = E$，i_{Lr} 达到峰值，随后，i_{Lr} 减小；t_3 时刻，i_{Lr} 减小到 I_o，u_{Cr} 达到峰值，接着 u_{Cr} 开始放电，直到 t_4 时刻，i_{Lr} 下降到零。$L_r C_r$ 谐振阶段电流路径如图 3 - 83 中粗实线所示。

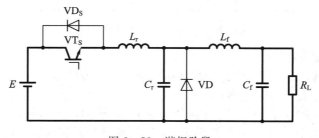

图 3 - 83　谐振阶段

（3）$t_4 \sim t_6$ 期间：$t_4 \sim t_5$ 时段，$u_{Cr} > E$，电容 C_r 向负载放电，VT_S 中的电流被钳位于零，在这期间关断 VT_S，VT_S 将是零电流关断；t_5 时刻，$u_{Cr} = E$，由于负载电流恒定，u_{Cr} 继

续放电,这时开关管两端电压 u_S 开始上升。电容 C_r 放电阶段电流路径如图 3-84 中粗实线所示。

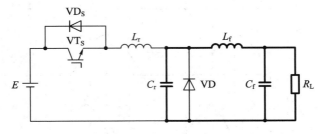

图 3-84　电容放电阶段

(4) $t_6 \sim t_0$ 期间:t_6 时刻,$u_{Cr} = 0$,$u_S = E$;u_{Cr} 放电完毕,输出电流 I_o 经 VD 续流;直到 t_0 时刻,VT_S 再次导通进入下一个工作周期。续流阶段电流路径如图 3-85 中粗实线所示。

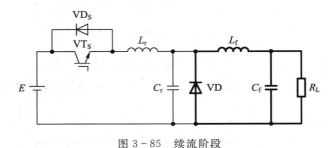

图 3-85　续流阶段

2. 零电压开关准谐振变换器

用零电压谐振开关代替直流变换电路中的硬开关,即可直接得到相应的零电压准谐振直流变换器(ZVS QRC)。下面以升压型零电压开关准谐振变换器(Boost ZVS QRC)为例来进行分析。Boost ZVS QRC 的半波模式主电路如图 3-86 所示。

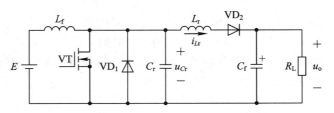

图 3-86　Boost ZVS QRC 的半波模式主电路

为分析方便,假设:

(1) 所有开关管、二极管、电感、电容和变压器均为理想器件;

(2) 滤波电感远大于谐振电感,即 $L_f \gg L_r$;

(3) 电感 L_f 足够大,在一个开关周期中,其电流基本保持为输入电流 I_i 不变。

(4) 电容 C_f 足够大,在一个开关周期中,其电压基本保持为输出电压 U_o 不变。

特征阻抗、谐振角频率、谐振频率、谐振周期等物理量的定义与 Buck ACS QRC 中的相同。

Boost ZVS QRC 的半波模式工作波形如图 3-87 所示。在 t_0 时刻之前,VT 导通,谐

振电感 L_r 的电流 i_{Lr} 和谐振电容 C_r 的电压 u_{Cr} 均为零。在 t_0 时刻，VT 关断，输入电流 I_i 从 VT 转移到 C_r 中，对 C_r 充电，u_{Cr} 线性上升。在 t_1 时刻，u_{Cr} 上升到输出电压 U_o。从 t_1 时刻 开始，续流二极管 VD_2 导通，L_r 和 C_r 开始谐振工作。t_2 时刻，u_{Cr} 减小到 0，VT 的反并联二 极管 VD_1 导通，VT 的电压被钳位在 0，此时 VT 零电压导通。在 $t_2 \sim t_3$ 期间，VT 导通，i_{Lr} 线性减小。在 t_3 时刻，i_{Lr} 减小到 0，续流二极管 VD_2 截止，负载电流由输出滤波电容提 供。t_4 时刻，VT 零电压关断，开始下一个开关周期。

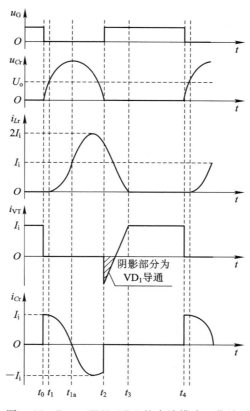

图3-87　Boost ZVS QRC 的半波模式工作波形

╭┈┈┈┈┈┈┈╮
　应用案例
╰┈┈┈┈┈┈┈╯

50 W 开关电源电路如图 3-88 所示。该变换器输入直流电压的范围为 10~26 V，输出 电压为 5 V，最大输出电流为 10 A，工作频率为 500 kHz。电感 L_r、电容 C_r、变压器 T_1、功 率开关管 VT_1 和二极管 VD_1 组成谐振变换器主回路。控制回路主要由谐振控制器 UC1864 组成。电流互感器 T_2 检测变换器的初级电流，T_2 的次级电压正比于变换器输出电流。T_2 的次级电压经 VD_2 整流后，加到 UC1846 的故障脚（FAULT）。当变换器输出电流过大时， UC1846 的输出端立即变为低电平，变换器停止工作。电阻 R_2、R_3 和晶体管 VT_2 组成过零 检测电路，用于调整 UC1864 输出脉冲的宽度。二极管 VD_3 和 VD_4 接在 UC1864 的输出端 OUT A 和 V_{CC} 脚之间，VD_5 和 VD_6 接在 UC1864 的输出端 OUT B 和功率电路接地端 PGND 之间，防止输出端的电压低于地电位。具体工作原理请读者自行分析。

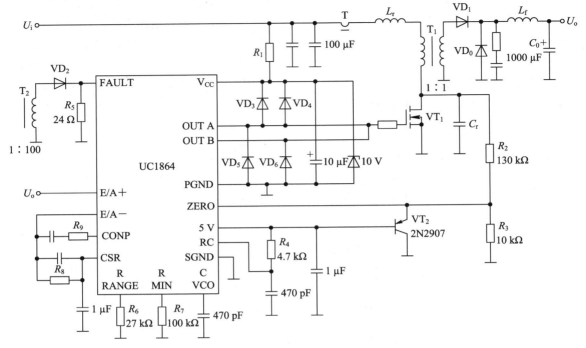

图 3 - 88   50 W 开关电源电路

6.2   功率因数校正

电力系统中存在大量的感性负载(如感应电动机、变压器、电焊机等),这些负载从电力系统中吸收无功功率,使得功率因数降低,从而对电力系统造成电压损失增大、功率损耗等不良影响,因此必须安装无功补偿装置,以提高功率因数,稳定电网电压,改善供电质量。

6.2.1   基本概念

1. 功率因数

功率因数(PF)是有功功率 P 与视在功率 S 的比值,可表示为

$$\text{PF} = \frac{P}{S} \tag{3-18}$$

当电压、电流为正弦波,负载为电阻、电容或电感等阻抗时,由于电压、电流之间存在着相位差,因此其有功功率为

$$P = UI\cos\varphi \tag{3-19}$$

式中,$\cos\varphi$ 为相移功率因数,即

$$\cos\varphi = \frac{P}{S} = \text{PF} \tag{3-20}$$

在非线性负载电路中,当输入电压不是正弦波时,会导致电流和电压波形的失真和相位的偏差,其功率因数定义为

$$PF = r\cos\varphi \tag{3-21}$$

式中，r 为基波因数，有时也称为输入电流的基波有效值因子，用电流基波有效值与总电流有效值之比来描述。

2. 功率因数校正

功率因数校正（Power Factor Correction，PFC）指的是有效功率与总耗电量（视在功率）之间的关系，也就是有效功率除以总耗电量（视在功率）的比值。功率因数可用于衡量电力被有效利用的程度，功率因数值越大，电力利用率就越高。交流输入电源经整流和滤波后，非线性负载一方面使输入电压和电流的相位出现偏差，另一方面使输入电流波形出现畸变而呈脉冲波形，含有大量的谐波分量，并导致功率因数很低，如图 3-89 所示。由此带来的问题是：谐波电流污染电网，干扰其他用电设备；在输入功率一定的条件下，输入电流较大，必须增大输入断路器的容量和电源线的线径；三相四线制供电时中线中的电流较大，由于中线中无过流防护装置，中线有可能过热甚至起火。功率因数校正实际上就是将畸变的输入电流校正为正弦电流，并使之与输入电压同相位，从而使功率因数接近于 1。

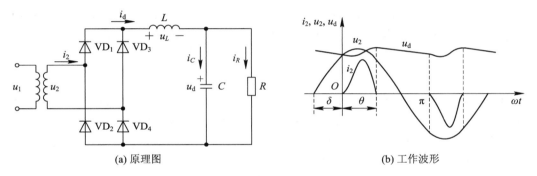

图 3-89　不可控容性整流电路及工作波形

所谓无功功率补偿，并不是减少设备本身的无功功率需求，而是在设备附近设置一个无功电源，向设备提供其所需的无功功率，补偿其从电源吸取的无功功率，这个无功电源就称为无功补偿装置。无功功率补偿原理如图 3-90 所示。功率补偿前负荷从电源吸取无功功率 Q_L，Q_L 通过整个电网，补偿后补偿装置向负荷提供无功功率 Q_C，因此通过电网的无功功率减少为 $Q_L - Q_C$。

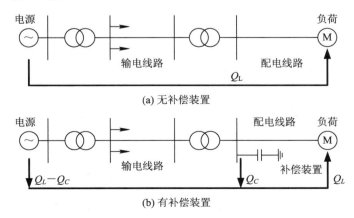

图 3-90　无功功率补偿原理

功率因数校正的基本方法有无源功率因数校正(PFC)和有源功率因数校正(APFC)两种。前者只能校正交流电压和电流的相位不同所导致的功率因数下降,而后者不但可以校正相位导致的功率因数下降,还可以校正电流和电压波形的失真所导致的功率因数下降。因此,APFC在实际应用中使用得最多,效果也是最好的。

6.2.2 静止型无功功率自动补偿

并联无功补偿电容器是传统的无功补偿装置,其阻抗是固定的,不能跟踪负荷无功需求的变化,也就是不能实现无功功率的动态补偿。随着电力系统的发展,对无功功率进行快速动态补偿的需求越来越大。静止型无功功率自动补偿装置简称静补装置(Static Var Compensator, SVC),其结构形式有多种,但基本元件为并联的电抗器和电容器,电容器的作用为发出无功功率,电抗器的作用为吸收无功功率。通过电力电子器件控制电容器或者电抗器,即可根据负荷的变动情况改变无功功率的大小和方向,从而调节或稳定系统的运行电压。

SVC根据结构原理的不同,可以分为晶闸管控制电抗器(Thyristor Controlled Reactor, TCR)型、晶闸管投切电容器(Thyristor Switched Capacitor, TSC)型和混合型(即TCR+TSC型)。

1. TCR

TCR是将电抗器与两个反并联的晶闸管串联。图3-91(a)所示是晶闸管交流调压电路带电感性负载的一个典型应用。只要反并联的两只晶闸管触发相位一致,就保证了i_L正、负半波的对称性,从而消除了直流分量。图中电抗器L的电阻值很小,可将L近似为纯电感负载,电感中的电流滞后于电压$90°$,因此导通角α的移相范围为$90°\sim180°$。当α为$90°$时,晶闸管始终导通,电抗器吸收的感性无功功率最大(额定功率);当α为$180°$时,晶闸管关断,电抗器不投入运行,吸收的感性无功功率最小(空载功率)。改变α的大小,相当于改变电抗器的等效电抗值。晶闸管控制的电抗器就像一个连续可调的电感,可以快速、平滑地调节其吸收的感性无功功率。

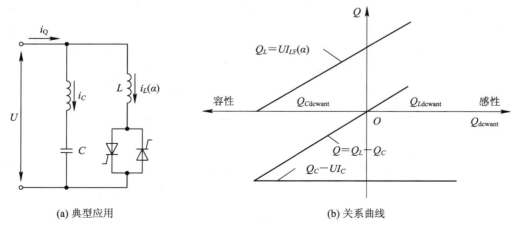

(a) 典型应用　　　　　　　　　(b) 关系曲线

图3-91 FC-TCR SVC 的典型应用与关系曲线

如果给TCR配以固定电容器(Fixed Capacitor, FC),则构成固定电容-晶闸管控制电抗型无功补偿器(FC – TCR SVC),其可实现无功功率从容性到感性的连续调节,如图 3 – 91(a)所示。总的无功功率输出(以吸收感性无功功率为正)等于 TCR 支路(Q_L)和 FC 支路(Q_C)的无功功率输出之和(Q),即 $Q = Q_L - Q_C$。

无功功率输出与无功功率需求之间的关系曲线如图 3 – 91(b)所示,纵轴为无功功率输出,横轴为无功功率需求。当需要最大的容性无功功率输出时,将 TCR 支路"断开",即触发角 $\alpha = 180°$。若逐渐减少触发角 α,则 TCR 输出的感性无功功率增加,从而实现从容性到感性无功功率的平滑调节。在零无功功率输出点上,FC 输出的容性无功功率和 TCR 输出的感性无功功率正好抵消,若进一步减小 FC 输出的容性无功功率,则 TCR 输出的感性无功功率超过 FC 输出的容性无功功率,整个装置输出净感性无功功率;当 $\alpha = 90°$ 时,TCR 支路"全导通",装置输出的感性无功功率最大。

实际应用中电容器支路通常串联一个适当的电感,使其在提供容性无功功率的同时起到滤波器的作用。

为了防止 3 次及 3 的倍数次谐波对电网造成影响,TCR 的三相接线大都采用三角形连接形式,这样可使上述谐波经三相电抗器形成环流而不注入电网。在工程实际中,还常常将每一相的电抗器分成如图 3 – 92 所示的两部分,分别接在晶闸管对的两端,这样可以使晶闸管在电抗器损坏时能得到额外的保护。

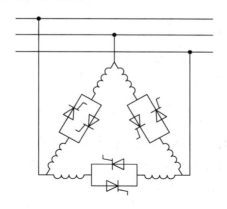

图 3 – 92 TCR 的三相接线形式

2. TSC

TSC 的基本原理如图 3 – 93(a)所示,两个反并联的晶闸管把电容器投入电网或从电网切除,电感 L 的值很小,其作用是限制操作暂态过电压,抑制合闸涌流。工程中,为避免电容器投切时造成较大的冲击电流,一般将其分成几组,如图 3 – 93(b)所示,可根据电网对无功功率的需求而改变投入的电容容量。使用晶闸管投切电容器进行无功功率补偿时,投入时刻的选择至关重要,要保证投入时刻交流电源电压和电容预充电电压相等,防止电容电压产生跃变和冲击电流。

TSC 的理想工作波形如图 3 – 94 所示。导通开始时 u_C 已由上次导通时段最后导通的晶闸管 VT_1 充电至电源电压 u 的正峰值,t_1 时刻导通 VT_2,以后每半个周波轮流触发 VT_1 和

VT$_2$导通。切除其中一条电容支路时，如在t_2时刻i_C已降为零，VT$_2$关断，则u_C保持在VT$_2$导通结束时的电源电压负峰值，为下一次投入电容器做好准备。

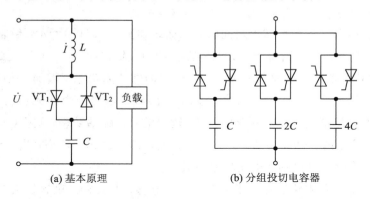

(a) 基本原理　　　　　　　(b) 分组投切电容器

图 3 - 93　TSC 的基本原理及分组投切电容器

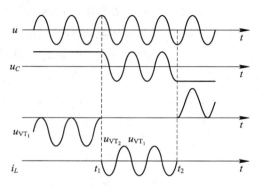

图 3 - 94　TSC 的理想工作波形

　　TSC 实际上就是可有级调节的、发出容性无功功率的动态无功补偿器。与 TCR 相比，TSC 虽然不能连续调节无功功率，但具有运行时不产生谐波而且损耗较小的优点。为了实现连续可调的发出容性无功功率的功能，可采用 TSC 和 TCR 相结合的方法。

6.2.3　有源功率因数校正

　　有源功率因数校正(Active Power Factor Correction，APFC)技术采用全控型开关器件构成的开关电路对输入电流的波形进行控制，使之成为与电源电压同相位的正弦波，总谐波量可以降低至 5% 以下，而功率因数能高达 0.995，彻底解决了整流电路的谐波污染和功率因数低的问题，满足了现行最严格的谐波标准，因此其应用越来越广泛。因这种方法应用了有源器件，故称为有源功率因数校正。

1. APFC 的电路结构形式

　　APFC 的电路结构有单级式和双级式两种。单级式 APFC 电路结构如图 3 - 95 所示，其集功率因数校正和输出隔离、电压稳定于一体，结构简单，效率高，但分析和控制复杂，适用于单一集中式电源系统。

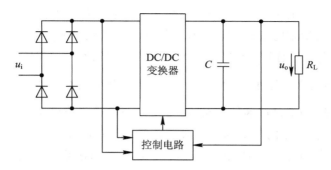

图 3 - 95   单级式 APFC 电路结构

双级式 APFC 电路结构如图 3 - 96 所示，其是由 Boost 变换器和 DC/DC 变换器级间串联而成的，中间的直流母线电压一般都稳定在 400 V；前级的 Boost 变换器实现功率因数校正，后级的 DC/DC 变换器实现隔离和降压。其优点是每级电路可单独分析、设计和控制，特别适合作为分布式电源系统的前置级。

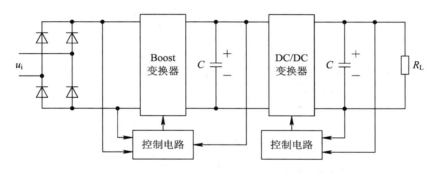

图 3 - 96   双级式 APFC 电路结构

2. APFC 变换器的工作原理

前面介绍的降压斩波电路、升压斩波电路、升降压斩波电路、Cuk 斩波电路，原则上都可以用于 APFC 变换器的主电路。但是由于 Boost 变换器的一些特殊优点，其在 APFC 变换器中获得了更为广泛的应用。下面以单相桥式整流电路的功率因数校正为例来分析APFC 的工作原理和控制方法。

如图 3 - 97 所示，在单相桥式整流电路与滤波电容 C 之间加入 Boost 变换器即构成单相 Boost 型 APFC 变换器。交流电源经射频滤波器 RFI 滤波后，由桥式整流实现 AC/DC 变换，输出双脉冲电压 u_d，u_d 中的高次谐波由小电容 C_1 滤波，在整流器和输出滤波大电容 C 之间的 Boost 变换器实现升压式 DC/DC 变换。控制电路采用电压外环、电流内环的双闭环结构，在稳定输出电压 U_o 的情况下，力求使经过整流后的电流 i_L 波形与整流后的电压 u_d 波形相同。

具体工作原理是：给定负载电压 U_o^* 和升压变换器输出电压 U_o 的差值 ΔU 经 PI(比例-积分)调节器 A 输出，并和整流器输出的脉动电压 u_d 同时作为乘法器的两个输入，构成电压外环；乘法器的输出作为电流内环的给定电流 i_L^*，i_L^* 的幅值与 ΔU 和 u_d 的幅值呈正比，波形则与整流器输出电压 u_d 相同；升压电感 L 中的电流检测信号 i_L 作为电流内环的反馈电流；反馈电流 i_L 与给定电流 i_L^* 送入 PWM 形成电路产生 PWM 信号，作为开关管 VT 的驱动信号；开关管 VT 导通时电感电流 i_L 增加，当增加到等于 i_L^* 时，开关管 VT 关断，这时 $u_d + L\dfrac{\mathrm{d}i}{\mathrm{d}t}$ 使二极管 VD 导通，电感释放能量，与电源同时给滤波电容 C 充电和向负载供电；如果射频滤波器 RFI 和 C 的滤波效果足够好，PWM 形成电路的开关频率足够高，则电感电流 i_L 和输入电流 i_1 的畸变都很小，i_L 就越接近与电源同频率的双半波正弦曲线，电源端的输入电流 i_1 就越逼近与输入电压同频率、同相位的正弦波，从而实现了功率因数校正为 1 的目标。

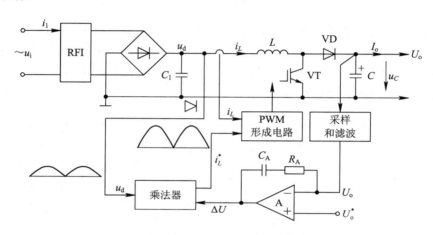

图 3-97　单相 Boost 型 APFC 变换器电路

　　根据升压电感 L 的电流是否连续，单相 Boost 型 APFC 变换器分为电感电流连续模式(Continuous Conduction Mode，CCM)和电感电流断续模式(Discontinuous Conduction Mode，DCM)两种工作方式。CCM 工作方式以乘法器方法来实现 APFC，比较常用；而 DCM 工作方式则用电压跟随器方法来实现 APFC，一般多用于小功率场合。CCM 常用峰值电流控制法、滞环电流控制法、平均电流控制法、临界导电控制法 4 种方式来实现输入电流的正弦化，具体内容读者可以自行参阅相关资料。

3. APFC 变换器与 DC/DC 变换器的对比

APFC 变换器与 DC/DC 变换器的对比如下。

(1) 输入电压不同：构成 DC/DC 变换器时，变换器的输入一般是比较稳定的直流电压；而构成 APFC 变换器时，变换器的输入通常是经过二极管整流后的脉动的直流电压(即半波正弦交流电压)，变换器的输入电压变化范围要远大于前者。

(2) 输出电压与输入电压的变比不同：当构成 DC/DC 变换器时，变换器的输出电压与输入电压的变比一般是不随时间变化的定值；而当构成 APFC 变换器时，由于要求保持变换器的输出电压近似不变，因此其输出电压与输入电压的变比可表示为

$$m(\omega t) = \frac{U_o}{U_i \sin\omega t} \tag{3-22}$$

该式表明，构成 APFC 变换器时，输出电压与输入电压的变比 $m(\omega t)$ 在半个工频周期里是

随时间变化的。当 $\omega t = \pi/2$ 时，变换器的输入电压达到峰值，此时变换器的电压变比最小，可表示为

$$m_{\min} = \frac{U_o}{U_i} \qquad (3-23)$$

式中，$m_{\min}$ 为该 APFC 变换器的最小电压变比。而当 $\omega t = 0$ 或 $\omega t = \pi$ 时，APFC 变换器的电压变比趋于无穷大。

（3）分析的复杂程度不同：由于存在上述差异，APFC 变换器的分析相对 DC/DC 变换器要更加复杂。从工频周期来看，变换器处于稳态；而从开关周期（为几十千赫兹到几百千赫兹，通常远高于工频频率）来看，变换器工作在不稳定的状态，即变换器中一些状态变量（如电感电流）在各个开关周期内是不断变化的。

（4）控制难易程度不同：构成 DC/DC 变换器时，一般只要求变换器的输出电压或者输出电流稳定；而构成 APFC 变换器时，一般要同时对输入电流和输出电压进行控制，这比构成 DC/DC 变换器时的控制更加复杂。

┌─────────┐
│ **应用案例** │
└─────────┘

应用 ICE2PCS05 设计的单相 Boost 型 APFC 变换器电路如图 3-98 所示，该主电路由 L_2、VT、C_2、VD_1、VD_2 等元器件构成，控制电路以 ICE2PCS05 为核心。

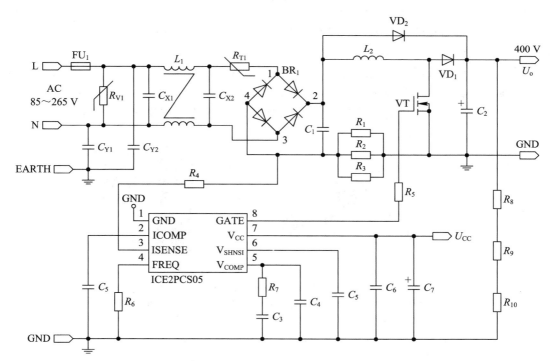

图 3-98   由 ICE2PCS05 构成的单相 Boost 型 APFC 变换器电路

在电路输入侧，熔丝 FU_1 和元件 R_{V1} 分别起过电流保护和过电压保护作用，L_1 及 C_{X1}、C_{X2} 和 C_{Y1}、C_{Y2} 构成 EMI 滤波器，用于射频抑制，为防止系统启动时的浪涌电流产生，加 R_{T1} 用于限制。R_1、R_2、R_3 相并联，构成电流检测电路。电容 C_1 和 EMI 滤波器主要用于滤

除电感 L_2 中的高频电流纹波。ICE2PCS05 引脚 2 上的电容 C_5 用于电流回路补偿,引脚 4 上的外部电阻 R_6 用于设置开关频率,R_7、C_3 和 C_4 构成电压回路补偿网络。

电路技术指标:输入交流电压为 85~265 V;输入频率为 50 Hz;输出直流电压为 390 V;输出功率为 300 W;开关频率为 65 kHz;功率因数(PF)为 0.9。

6.3 电动汽车充电系统

电动汽车充电系统(也称为充电机)作为电动汽车的能量补给装置,其充电性能关系到电池的使用寿命、充电时间。

电动汽车充电机根据不同的分类方式可分为多种类型,如表 3-3 所示。

表 3-3 电动汽车充电机的类型

分类方式	充电机类型	
按安装位置分	车载充电机	非车载充电机
按输入电源分	单相充电机	三相充电机
按连接方式分	传导式充电机(接触式)	感应式充电机(非接触式)

根据充电机与车辆接收装置连接方式的不同,电动汽车的充电方式可分为传导式充电和感应式充电两种。

传导式充电通过电力电缆连接供电侧设备与车载功率单元,充电过程中需要机械结构连接,通常需要使用者手动完成,难以实现充电过程全自动化,如图 3-99 所示。但其交流充电接口和直流充电接口的同时存在会分别方便用户慢速充电与快速充电的需要。

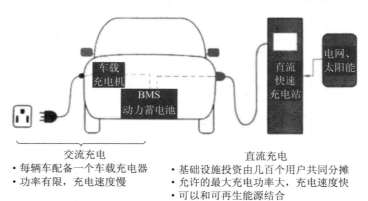

图 3-99 电动汽车传导式充电示意图

非接触式充电又称无线充电,主要采用无线电能传输(Wireless Power Supply,WPS)技术,利用电磁场或电磁波进行能量传递,如图 3-100 所示。非接触式充电过程中不需要机械结构连接,操作人员不存在接触高压部件的可能,安全性高,但结构设计较复杂且受电部分安装在电动汽车上,车辆安装空间和充电功率都存在一定的局限。

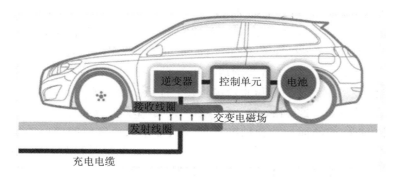

图 3-100　电动汽车非接触式充电示意图

6.3.1　车载充电机

车载充电机又称交流充电机,安装于电动汽车上,其实物图如图 3-101 所示。车载充电机使用 220 V 或 380 V 交流电网作为输入电源,来源方便,因此是中小型电动汽车最基本、最常用的充电设备。车载充电机的缺点是受电动汽车的空间所限,功率较小,输出的充电电流小,动力电池充电时间较长。

图 3-101　车载充电机实物图

车载充电机是电动汽车的重要部件,其工作性能和技术参数对充电时间和效率有显著影响,同时也对动力电池的循环寿命有影响。车载充电机要求具有轻量化、小型化、高效率等特性,但线性电源由于体积大、效率低而不能满足这一要求,因此车载充电机一般使用开关电源技术,整体采用两级功率变换结构,如图 3-102 所示。

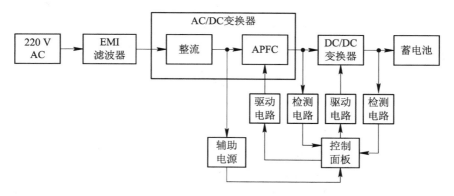

图 3-102　车载充电机的结构框图

为了抑制外界的电磁干扰通过电源线进入设备,同时也为了阻止开关电源自身产生的电磁干扰经电源进入电网,在电源线和设备之间安装了 EMI 滤波器。经 EMI 滤波器之后的交流电进入 AC/DC 变换器,AC/DC 变换器的作用主要有整流、功率因数校正及滤波等。普通开关电源功率因数低的原因主要是经过整流桥形成的直流电直接用大电容进行滤波后会使电流产生严重的畸变,造成波形失真(这种电流中含有大量的谐波成分,会引起设备功率因数的严重下降）。所以，车载充电机需采用适合较大功率设备的有源功率因数校正电路，以使其功率因数满足国家标准（国标要求大于 85 W 的具有容性负载的用电器必须要有 PFC 环节）。前级的 AC/DC 变换器输出无谐波的、消除了电流畸变的稳定直流，后级的 DC/DC 变换器一般采用功率开关管将前级输出的直流电转换成高频直流脉冲，再经高频变压器降压、整流滤波形成稳定的低压直流电输出，并按一定的充电模式给动力电池充电。

EMI 滤波器、AC/DC 变换器、DC/DC 变换器构成了车载充电机的功率变换主电路，驱动电路、检测电路、控制面板和辅助电源等构成了车载充电机的弱电控制电路。控制面板将控制指令传递给相应的控制电路，从而驱动 AC/DC 变换器和 DC/DC 变换器；检测电路对功率变换主电路进行电压、电流采样，起到保护和反馈的作用。

前级带 PFC 功能的 AC/DC 变换器一般为非隔离型的变换器（Buck、Boost、Buck - Boost 变换器），后级则采用正激、反激等隔离型变换器，根据前后两级的组合可以产生多种拓扑结构。虽然两级变换器的控制策略比单级变换器的复杂，但是考虑到采用两级变换器的设备可以输出高质量的直流电，对电流质量有较高要求的设备一般都采用两级或多级变换结构。例如，由"整流桥＋PFC＋隔离 DC/DC"组成的车载充电机主电路如图 3-103 所示，其转换效率为 90%（工作原理分析略）。

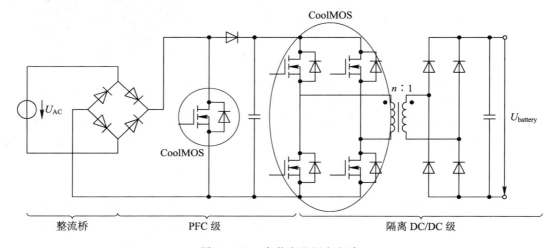

图 3-103　车载充电机主电路

┌╌╌╌╌╌╌╌┐
┆ **拓展学习** ┆
└╌╌╌╌╌╌╌┘

DC/DC 变换器中使用 GaN 器件，在低结温下比采用 Si CoolMOS（图 3-103）效率提高了 0.7% 左右。在更高的结温下，GaN 器件依然有明显优势。例如，若结温为 150℃，开关频率为 50 kHz，基于 GaN 的 DC/DC 变换器比采用 Si CoolMOS 的变换器的效率提高 0.7% 左右。若将开关频率提升为 300 kHz，则基于 GaN 的 DC/DC 变换器仍然要比 50 kHz 的 Si 基变换器的效率高 0.12%。而且开关频率提高至 300 kHz，可以使用更小的滤波电感和滤波电容，明显降低了 DC/DC 变换器的尺寸和重量，从而有利于减轻整车系统的重量。

6.3.2　非车载充电机

作为推动电动汽车发展的重要因素，电动汽车充电站这一基础设施的建设显得尤为重要。而作为充电站的核心，非车载充电机是必不可少的。

非车载充电机又称直流充电机，如图 3-104 所示，以充电
机输出的可控直流电源直接对动力电池进行充电。非车载充电
机安装于固定的地点，充电机的交流输入电源已事先连接完
成。充电机的直流输出端在充电操作时与电动汽车的车载动力
电池连接，能提供几百千瓦的充电功率，可以对电动汽车车载
动力电池进行快速充电。

图 3-104 非车载充电机

非车载充电机的输入为三相 380 V 交流电，频率为 50 Hz；
输出为可调直流电，输出电流或电压受电池管理系统（Battery
Management System，BMS）控制而变化。与车载充电机一样，
非车载充电机在电路上也存在滤波整流等模块，也有 DC/DC
变换器。实际上直流充电桩就是一台高频开关电源充电机，直
接给动力电池充电，如图 3-105 所示。

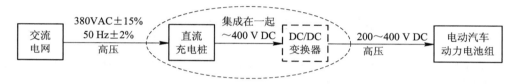

图 3-105 非车载充电机充电示意图

目前，非车载充电机主要使用两种电路拓扑来进行电能变换。一种是由二极管三相桥
式整流经 LC 滤波电路获得直流母线电压，再接高频隔离型 PWM DC/DC 全桥电路组成交
/直/直系统，如图 3-106 所示。另一种是由 IGBT 四象限变流经 LC 滤波电路获得直流母
线电压，再接高频 DC/DC 全桥电路组成交/直/直系统。前者具有电路简单、控制方便等优
点，但功率因数低、谐波污染大；后者由全控型开关器件组成单相或三相桥式整流电路，采
用 PWM 控制技术，电路复杂、控制较难，但具有功率因数高、网侧电流谐波含量少、体积
小、动态响应快和电能变换效率高等优点，因此成为发展的主流。

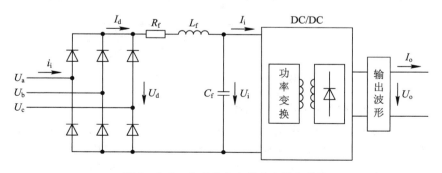

图 3-106 非车载充电机主电路拓扑

电动汽车充电桩功率变换器工作在高频，会对电网造成谐波污染，因此必须采取有效
措施，如采用功率因数校正或无功补偿等技术，限制电动汽车充电桩功率变换器进入电网
的总谐波量。ZVT 三相 Boost 整流输入电路能提高功率因数，减少谐波对电网的污染，如

图 3-107 所示。具体电路分析请读者查阅相关资料。根据不同的充电等级要求，充电桩功率变换器可以选择两级结构或 PFC 功能与充电功能一体化的单级结构。为了进一步提高变换效率，减少开关管的损耗，还可以采用软开关电路。

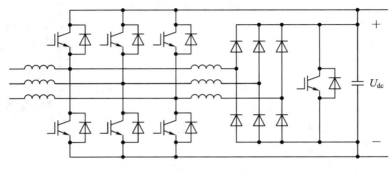

图 3-107　ZVT 三相 Boost 整流输入电路

6.4　开关电源的设计与仿真

开关电源主要是采用前面介绍的降压变换、升压变换、变压器隔离的 DC/DC 变换等电路理论和 PWM 控制技术来实现的。

6.4.1　开关电源概述

开关电源原理框图如图 3-108 所示。220 V/380 V 交流电经 EMI 滤波器后整流滤波，变换电路将直流电变换为数十千赫兹或数百千赫兹的高频方波或准方波，再经高频变压器隔离、降压(或升压)，及整流滤波后输出直流电。通过采样、比较、放大及控制和驱动电路控制变换器中功率开关管的占空比，即可得到稳定的输出电压。

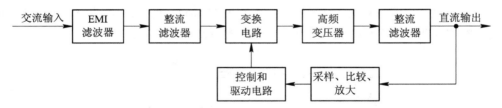

图 3-108　开关电源原理框图

开关电源与负载的连接方式有并联型和串联型两种类型。串联型开关电源通过开关调整管及整流二极管与电网相连，如图 3-109 所示。整个机板与电网相通使机板带电，不便于与外部其他电气设备相连接，因此在现代电子设备中已很少使用。并联型开关电源输出端与电网通过开关变压器隔离，电路板上除开关变压器初级与电网相连通外，其余部分与电网都不直接相连，如图 3-110 所示。机板不带电，安全性好，也容易与外部设备相连接，因此并联型开关电源得到了广泛应用。现代并联型开关电源电路主要有两种形式：一种是由分立元件构成的单管自激振荡式和由集成电路构成的他激式单管并联式开关电源，另一种是双管半桥式开关电源。

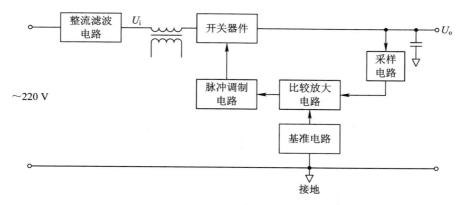

图 3 - 109　串联型开关电源原理框图

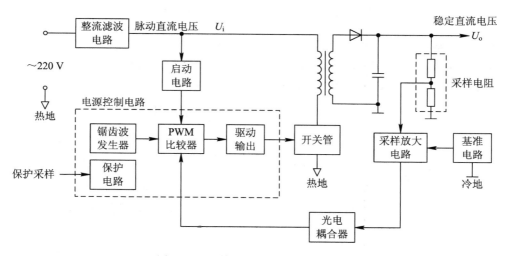

图 3 - 110　并联型开关电源原理框图

1. 单管并联式开关电源

单管并联式开关电源电路主要由市电整流滤波电路、启动电路、开关变压器、正反馈电路、PWM 脉冲产生电路、保护电路、脉冲整流输出电路、电压采样比较电路、脉宽及频率控制电路等组成，如图 3 - 111 所示。220 V 交流电经开关、保险管，再经滤波器滤除其中的高频杂波，由桥式整流及电容滤波后得到约 310 V 直流电。310 V 电压一路通过启动电路回到开关管控制极，或到 PWM 脉冲产生电路产生驱动脉冲，控制开关管导通，另一路经过开关变压器初级加到开关管上。

2. 双管半桥式开关电源

双管半桥式开关电源电路主要由市电整流滤波电路、开关管、开关变压器、稳压控制电路、PWM 脉冲产生电路、PWM 脉冲驱动电路、开机控制电路、辅助电源电路、保护电路、输出电路等组成，如图 3 - 112 所示。市电经抗干扰、整流后，由串联的 C_1 与 C_2 滤波后得到 310 V 直流电，在 C_1 与 C_2 上各形成对称的约 155 V 的电压。辅助电源电路得到 310 V 电压后开始工作并产生辅助电压，再加到 PWM 脉冲产生电路。

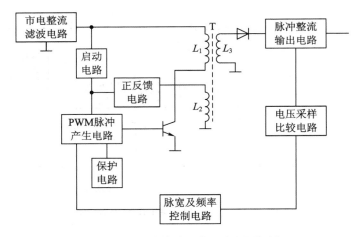

图 3-111　单管并联式开关电源框图

在开机电路控制下,PWM脉冲产生电路产生相位相反的两个脉冲,经PWM脉冲驱动电路通过脉冲驱动变压器 T_3,在 L_1 与 L_2 中分别产生相位相反的两个驱动脉冲,分别驱动开关管1和开关管2轮流工作于开关状态。

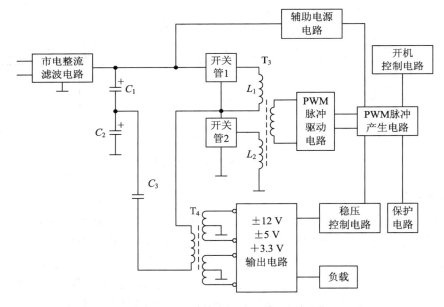

图 3-112　双管半桥式开关电源框图

6.4.2　设计流程

下面以某款开关电源为例,介绍其设计流程。

1. 开关电源设计指标

开关电源设计指标如表 3-4 所示。

表 3 - 4　开关电源设计指标

名　称	设 计 指 标
输入电压	220 V AC，50 Hz
输出电压	12 V DC
输出功率	50 W
输出电流	5.0 A
电压调整率	±1%

2. 电路结构选择

设计开关电源时重要的基础工作之一是设计主电路拓扑，其他相关设计（包括元器件设计、磁芯件设计、控制电路设计等）都取决于主电路。主电路采用单端正激式结构，如图 3 - 113 所示，工作频率设定为 30 kHz，控制器选用开关电源驱动集成电路 UC3842，详细接口说明请读者查阅相关资料。开关管 VT 导通时，次级绕组 N_3 向负载供电，二极管 VD_3 导通、VD_4 截止，反馈绕组 N_2 的电流为零；VT 关断时，VD_3 截止、VD_4 导通，N_2 经 VD_2 整流与 C_2 滤波后通过 UC3842 的 7 脚给 UC3842 供电，N_1 产生的感应电动势使 VD_1 导通并加在 RC 吸收回路，保证变压器中的磁场能量可释放，以保护开关管。

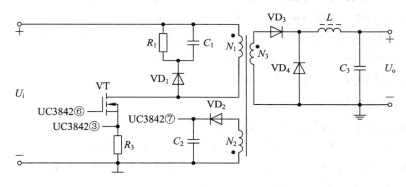

图 3 - 113　开关电源主电路结构

3. 变压器和输出电感的设计

由于篇幅限制，变压器和输出电感的设计这里不进行介绍，请读者查阅相关资料。

4. 开关管的选择

交流输入电压经全波整流、电容滤波后，直流输入电压的最大值 $U_{imax} = 220\sqrt{2} \approx 311$ V，次级整流二极管 VD_3 所承受的最高反向电压为

$$U_{RD} = 310 \times \frac{N_3}{N_1} = 50.5 \text{ V}$$

续流二极管 VD_4 所承受的最高反向电压与 VD_3 相同。整流二极管和续流二极管的最大电流应稍大于输出电流，取 6 A。

根据以上计算，整流滤波集成芯片选择肖特基半桥 MBR15120CT，其平均电流为 15 A，反向峰值电压为 120 V；开关管选用 MOSFET2SK787，其漏源击穿电压为 900 V，最大漏极电流为 8 A。

5. 反馈电路的设计

电流反馈电路如图 3-114(a)所示。该电路通过检测开关管上的电流作为控制信号。开关管上的电流变化会使电阻 R_6 上的电压 U_{R_6} 发生变化,将 U_{R_6} 输入 UC3842 芯片的 3 脚,当 U_{R_6} 为 1 V 时,UC3842 使输出脉冲关断。通过调节 R_5、R_6 的分压比可改变开关管的检测值,实现电流过流保护。

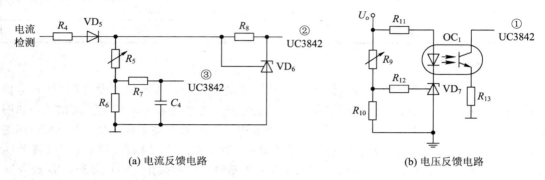

(a) 电流反馈电路   (b) 电压反馈电路

图 3-114   开关电源反馈电路

电压反馈电路如图 3-114(b)所示。输出电压通过集成稳压器 V_7 和光电耦合器 OC_1 反馈到 UC3842 的 1 脚。若输出电压 U_o 升高,集成稳压器 V_7 电流增大,光电耦合器 OC_1 输出的三极管电流增大,即 UC3842 的 1 脚对地的分流变大,输出脉宽相应变窄,输出电压 U_o 减小。反之,如果输出电压 U_o 减小,可通过反馈调节使之升高。调节 R_9、R_{10} 的分压比可设定和调节输出电压,以达到设计的稳压精度。

6. 保护电路的设计

保护电路主要有过电压保护电路和空载保护电路等。图 3-115(a)为输出过电压保护电路。输出正常时,VS 不导通,晶闸管 V 的门极电压为零,不导通。当输出过压时,VS 被击穿,V 受触发而导通,光电耦合器 OC_1 输出的三极管电流增大,通过 UC3842 的 1 脚(零电位)控制开关管关断。

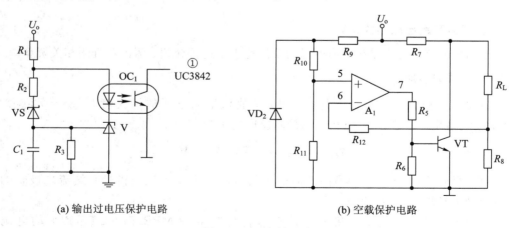

(a) 输出过电压保护电路   (b) 空载保护电路

图 3-115   保护电路

图 3-115(b)为空载保护电路。为了防止变压器绕组上的电压过高,同时也为了使电源

从空载到满载的负载效应较小，开关稳压电源的输出端不允许开路。R_{10}、R_{11} 给运放 A_1 同相输入端 5 提供固定的电压 U_+。R_8 为采样负载电流的分流器，当外电路未接负载 R_L 时，R_8 上无电流，运放的反相输入端 6 的电压 $U_- = 0$ V，因此 $U_+ > U_-$，运放的输出电压为高电平，三极管 VT 饱和导通，将 R_7 自动接入。当电源接入负载 R_L 时，R_8 上的压降使 $U_+ < U_-$，运放的输出电压为低电平，VT 截止，将 R_7 断开。

6.4.3　仿真验证

开关电源的主电路如图 3-113 所示，该电路由交流电源、整流滤波电路、变换电路、控制驱动电路、变压器、输出滤波电路及采样放大电路等组成。

根据电路原理图设计一款 220 VAC 输入，12 VDC、5 A 输出的开关电源。其工作原理为：首先 220 V 交流电经整流滤波电路变换成直流电，再经变换电路将直流电变换为数十千赫兹或数百千赫兹的高频方波或准方波，然后通过高频变压器隔离、降压，最后经高频整流、滤波电路输出设计所需的 12 V 直流电。在仿真中采用并联型开关电源电路结构进行模型搭建，控制驱动芯片选用 UC3844。UC3844 与 UC3842 的不同之处在于：UC3842 的占空比最大能达 90% 多，这样启动时或负载短路时，变压器可能会达到饱和（反激式占空比不允许超过 50%），它主要通过功率管发射极下面的电阻控制（包括 UC3842 的 3 脚的电阻电容）；而 UC3844 的占空比最大不超过 50%，这就避免了 UC3842 的缺点，但频率低一半。详情请读者查阅相关资料。下面将开关电源电路的仿真分为 4 个步骤进行讲解。

1. 仿真模型搭建

（1）打开 PSIM 软件，新建一个仿真电路原理图设计文件。

（2）根据图 3-113 所示的电路，从 PSIM 元件库中选取交流电源、电阻、电感、二极管、变压器、UC3844、光耦合器、TL431 分路调节器以及负载等元件放置于电路设计图中。本仿真案例中使用一个电阻代替负载。放置元件的同时调整元件的位置及方向，以便后续进行原理图的连接。

（3）利用 PSIM 中的画线工具，按照对应的拓扑图将电路连接起来，组建成电路仿真模型。画线时可适当调整元件位置及方向，使所搭建的仿真模型更加美观。

（4）放置测量探头，测量需要观察的电压、电流等参数。本仿真案例中放置的电压探头与电流探头可用来测量电源电压、负载电压和负载电流等参数。

搭建完成的开关电源仿真模型如图 3-116 所示。

2. 电路元件参数设置

本仿真案例中将交流电源设置为 220 V、50 Hz，负载电阻设置为 2.4 Ω，变压器的变比设置为 110∶6，其他未提及参数的设置以及电压探头与电流探头的命名如图 3-116 所示。

3. 电路仿真

完成仿真模型的搭建后，放置仿真控制元件，并设置仿真控制参数。在此仿真案例中仿真步长设置为 2 μs，仿真总时间设置为 0.3 s，其他参数保持默认配置。参数设置完成后即可运行仿真。

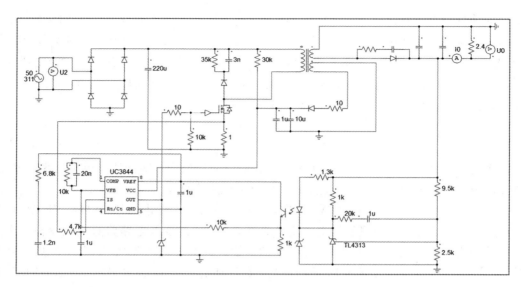

图 3 - 116　开关电源仿真模型

4. 仿真结果分析

运行仿真得到的仿真波形与仿真数据如图 3 - 117 所示。根据得到的波形及数据可知，当输入电压为 220 V AC 时，所设计的系统输出电压为 11.9 V DC，输出电流为 4.96 A，仿真结果与设计要求基本符合，可验证仿真设计正确。

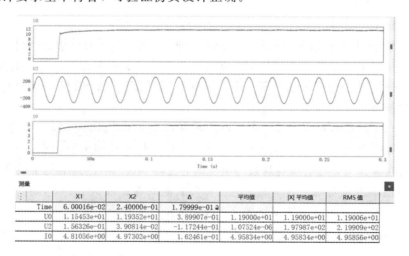

测量	X1	X2	Δ	平均值	|X| 平均值	RMS 值
Time	6.00016e-02	2.40000e-01	1.79999e-01 ⌐			
U0	1.15453e+01	1.19352e+01	3.89907e-01	1.19000e+01	1.19000e+01	1.19006e+01
U2	1.56326e-01	3.90814e-02	-1.17244e-01	1.07524e-06	1.97987e+02	2.19909e+02
I0	4.81056e+00	4.97302e+00	1.62461e-01	4.95834e+00	4.95834e+00	4.95856e+00

图 3 - 117　仿真波形与仿真数据

6.5　充电器的组装与调试

本实践要求学生在掌握电路原理的基础上进行工程应用操作，以锻炼识图和基本操作能力，加深对电路的理解。

1. **实践目标**

（1）能读懂开关电源的电路图。

（2）能对照电路原理图看懂接线电路图。

（3）认识电路图上所有元器件的符号，并与实物相对照。

（4）会测试元器件的主要参数。

（5）能熟练进行元器件的装配和焊接。

（6）能按照技术要求进行电路调试。

2. **实践器材**

基于 NCP1050 的 10 W/100 Hz 开关电源电路所需的元器件清单如表 3 - 5 所示。NCP1050 的详细资料请读者自行查阅相关文献。

表 3 - 5　开关电源电路所需的元器件清单

元器件名称	在电路图中的代号	参考型号	数量	备注
单片开关电源集成芯片	U_1	NCP1050	1	
光耦合器	U_2	SFH615A	1	
电压调节器	U_3	TL431	1	
三极管	VT	2N3904	1	
整流二极管	$VD_1 \sim VD_4$	1N4006	4	
快恢复二极管	VD_5	MUR160	1	
	VD_6	1N5822	1	
电阻器	R_1	RTX - 0.125 W - 91 kΩ	1	
	R_2、R_6	RTX - 0.125 W - 2.2 kΩ	2	
	R_3	RTX - 0.125 W - 47 Ω	1	
	R_4	RTX - 0.125 W - 1 kΩ	1	
	R_5	RTX - 0.125 W - 2 kΩ	1	
	R_7	RTX - 1 W - 0.5 Ω	1	
	R_8	RTX - 1 W - 1.2 Ω	1	
	R_9	RTX - 0.125 W - 22 Ω	1	
	R_{10}	RTX - 0.125 W - 220 Ω	1	
电容器	C_1	CL - 0.1 μF/600 V	1	
	C_2	CD11 - 33 μF/400 V	1	
	C_3	CC - 220 pF/400 V	1	
	C_4	CC - 22 pF/400 V	1	
	C_5	CD11 - 10 μF/100 V	1	
	C_6	CC - 100 pF/100 V	1	
	C_7、C_8、C_9	CD11 - 330 μF/25V	3	

元器件名称	在电路图中的代号	参考型号	数量	备注
电容器	C_{10}	CL－0.22 μF/50 V	1	
	C_{11}	CD11－220 μF/25 V	1	
	C_{12}	CL－1 μF/50 V	1	
	C_{13}	CD11－1 μF/50 V	1	
电感器	L_1	10 mH	1	
	L_2	5 μH	1	磁珠
高频变压器	T_1	—	1	

3. 实践步骤

1) 制作印制电路板

按印制电路板设计要求,选用一块 7 cm×6 cm 单面环铜板,设计基于 NCP1050 的开关电源电路的印制电路板图,参考设计如图 3－118 所示。NCP1050 有 PDIP－8 和 SOT－223 两种封装形式,本设计采用 PDIP－8 封装形式。

2) 焊接元器件

按图 3－118(a)所示,将元器件逐个焊接在印制电路板上,元器件引脚要尽量短。集成芯片最好采用插座安装,插座的缺口标记与印制电路板相应标记对准,注意不要装反。集成电路插入插座时也要注意不要插反。一般制作好的开关电源电路无需调试即可正常工作。

印制电路板和元器件焊接的具体操作请读者自行查阅相关资料。

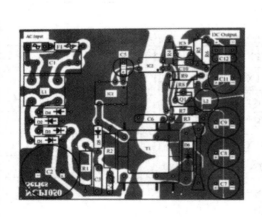 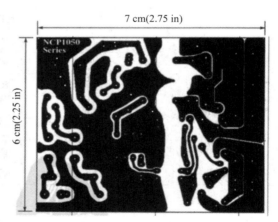

(a) 元器件布局图　　　　(b) 印制电路板图

图 3－118　开关电源电路的印制电路板图

参 考 文 献

[1]　浣喜明，姚为正. 电力电子技术[M]. 5 版. 北京：高等教育出版社，2019.

[2]　王兆安，刘进军. 电力电子技术[M]. 5 版. 北京：机械工业出版社，2015.

[3]　徐以荣，冷增祥. 电力电子学基础[M]. 2 版. 南京：东南大学出版社，1996.

[4]　林渭勋. 现代电力电子电路[M]. 北京：机械工业出版社，2002.

[5]　肖东. 电力电子技术[M]. 3 版. 北京：冶金工业出版社，2017.

[6]　杨卫国，肖冬，冯琳，等. 电力电子技术[M]. 2 版. 北京：冶金工业出版社，2014.

[7]　李洁，晁晓洁，贾渭娟，等. 电力电子技术[M]. 2 版. 重庆：重庆大学出版社，2019.

[8]　关健，李欣雪. 电力电子技术[M]. 北京：北京理工大学出版社，2018.

[9]　陈坚. 电力电子学：电力电子变换和控制技术[M]. 2 版. 北京：高等教育出版社，2002.

[10]　刘艺柱. 电力电子器件及应用技术[M]. 北京：电子工业出版社，2018.

[11]　刘艺柱，包西平. 电力电子应用技术[M]. 西安：西安电子科技大学出版社，2021.

[12]　胡文华，叶满园. 电力电子技术[M]. 北京：北京航空航天大学出版社，2017.

[13]　雷慧杰，卢春华，李正斌. 电力电子应用技术[M]. 重庆：重庆大学出版社，2017.

[14]　王云亮. 电力电子技术[M]. 4 版. 北京：电子工业出版社，2019.

[15]　沈显庆，张秀，郑爽，等. 开关电源原理与设计[M]. 南京：东南大学出版社，2012.

[16]　王楠，沈倪勇，莫正康. 电力电子应用技术[M]. 4 版. 北京：机械工业出版社，2014.

[17]　徐春燕，雷丹，曹建平，等. 电力电子技术[M]. 武汉：华中科技大学出版社，2018.

[18]　汤晓青，陈立，祝捷，等. 特高压直流输电线路运检专业培训及考核标准[M]. 成都：电子科技大学出版社，2019.

[19]　徐忠四. 增程式电动汽车动力总成关键技术[M]. 北京：机械工业出版社，2018.

[20]　何洪文，熊瑞. 电动汽车原理与构造[M]. 2 版. 北京：机械工业出版社，2018.

[21]　李钟实. 太阳能光伏发电系统设计施工与应用[M]. 2 版. 北京：人民邮电出版社，2019.

[22]　洪乃刚. 电机运动控制系统[M]. 北京：机械工业出版社，2015.

[23]　吴建春. 光伏发电系统建设实用技术[M]. 重庆：重庆大学出版社，2015.

[24]　吴国楼，王捷. 开关电源维修技能实训[M]. 北京：清华大学出版社，2014.

[25]　向晓汉，宋昕. 变频器与步进/伺服驱动技术完全精通教程[M]. 北京：化学工业出版社，2015.

[26]　李明，果莉，胡海波，等. 电子工艺实训指导[M]. 2 版. 哈尔滨：哈尔滨工业大学出版社，2019.

[27]　黄智伟. 全国大学生电子设计竞赛制作实训[M]. 北京：北京航空航天大学出版社，2007.